第 1 章

VRはどこから来て
どこへ行くか

1－1　「VR 元年」とは何か

　2016 年はマスコミ各社が「VR 元年」と報道し、VR という名前が世の中で一般に広く知れわたるようになった。その前年から Oculus Rift、HTC Vive、といった頭部搭載型ディスプレイ（HMD）が開発者向けに市販されるようになり話題をよんでいた。「元年」を決定付けたのは SONY が Play Station VR を 2016 年に発売したことであり、本格的な普及が始まった。世界に目を向けると、フェイスブックと Google の巨額投資合戦もこの年に始まり、VR ビジネスが新しい展開を迎えている。さらに、ハコスコや "Google Cardboard" のようにスマホをボール紙で包んだ簡易 HMD が登場し、VR の裾野が急速に広がっている。これらの現象にマスコミが着目したのが、いわゆる「VR 元年」である。

　実際のところ "Virtual Reality" という言葉が初めて登場したのは 1989 年のことであるため、VR は平成と同じ歴史を持っている。したがって、「VR 元年」は VR 歴 28 年となる。この言葉が登場したときにイメージリーダーだったのが、やはり HMD であった。さらに歴史を紐解くと、HMD が最初に開発されたのは 1960 年代に遡り、CG の生みの親として知られるアイバン・サザランドによるものであった（図 1-1）。当

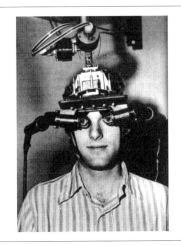

〔図 1-1〕1960 年代　アイバン・サザランドの HMD（文献 [1-3] より）

時は液晶がなかったので、小型の CRT をヘッドセットに組み込み、頭の位置と姿勢は角度センサーの付いたリンク機構によって機械的に計測していた。映像表示デバイスとレンズを組み合せ、頭の位置姿勢に合わせて全周囲に立体映像を提示するという HMD の基本原理は、その時以来現代に至るまで変わっていない。VR の原点をサザランドの HMD に見ることができる。しかしながら当時のコンピュータの性能は VR の研究を行うには遠く及ばなかった。HMD に表示する画像は、頭の動きに合わせて瞬時に変わらないといけない。すなわち、遅くとも 30 分の 1 秒という短い時間ですべての表示画像を描かないといけないことになる。サザランドの時代のコンピュータでは、それは無理な相談であった。

　今日的な意味で VR の研究が本格的にスタートしたのは日本であった。1980 年代初頭、工業技術院機械技術研究所（当時）の舘らは「テレイグジスタンス」という概念を提唱し、ステレオカメラを搭載したロボットの頭が、HMD 装着者の頭の動きに連動するシステムを開発した [1-1]。これにより、HMD 装着者はロボットがいる遠隔地にあたかも自分がいるような臨場感を得ることができる（図 1-2）。1980 年代中盤になると、NASA の Ames 研究所で、"Virtual Environment Display System" と

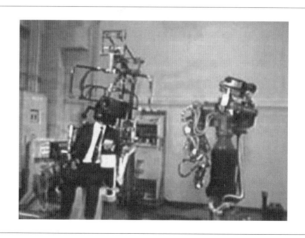

〔図 1-2〕1980 年代初頭　テレイグジスタンス（東京大学 舘暲名誉教授 提供）

いうHMDを用いて宇宙船で遠隔操作を行うことを目指したシステムが研究された[1-2]。これには、"Data Glove"と呼ばれる光ファイバーで指の曲げ角を計測する手袋が組み合わされ、ジェスチャを入力することができた（図1-3）。この研究グループからスピンアウトしたベンチャー企業であるVPLがVirtual Realityという言葉を使い始めたのが1989年である。

この時代は、グラフィックエンジンと呼ばれるCGの生成を高速で行う装置が付いたワークステーションが市販されるようになり、VRのシステムに組み込まれた。そのようなワークステーションは数千万から数億円したが、多くの研究機関が導入した。HMDも数百万円していた。筆者がVRの研究を始めたのは、筑波大学に赴任して研究室を持った1986年であり、駆け出しの私は研究費も乏しかったので、秋葉原でポータブル液晶テレビを買ってきてHMDを作った。映像の質はあきらめ、一方で第3章で紹介する触覚情報を提示する機械の製作に没頭した。

現在では、スマホに乗っているデバイスを使えば、上記のVRシステムを簡単に作ることができる。スマホの画面は横長なので、それを半分に分けて、左右の目に別々に見せるようなレンズを組み合わせるとHMDが出来上がる。CPUのおまけに付いているグラフィックエンジン

〔図1-3〕1980年代後半NASAのVirtual Environment Display System（文献[1-3]より）

でも、そこそこ見栄えのする CG が描画できる。頭の動きを検出するのも、スマホに乗っているジャイロセンサーを使えばできる。かくして、タダ同然のスマホのデバイスを用いて、VR システムが完成する時代になった。スマホのグラフィックエンジンでは限界があるので、そこを外付けハードウェアで強化したのが、Oculus Rift、HTC Vive、Play Station VR といった製品である。また、昨今の VR システムがスマホのコンポーネントを使っているだけでなく、スマホのアプリやサービスを提供してきた企業が大挙して VR に参入してきた。その結果ハードウェアだけでなくアプリやサービスの裾野も一挙に拡大した。これが元年と呼ばれる 2016 年に起こったことである。

　因みに、マスコミでは VR のことを「仮想現実」と訳すことが多いが、「仮想」という言葉をここで使うのは間違いである。VR の正しい定義は、「物理的には存在しないものを、感覚的には本物と同等の本質を感じさせる技術」である。物理的存在の有無の違いだけであり、本質は等しくなければならない。現在 VR の応用として着目されているのが、ゲームであるため、HMD に表示されるのは架空の世界である。ゲームに限って言えば仮想なのであるが、VR の応用は本質的に実物と同等なものに大きな可能性がある。それについては第 7 章で改めて述べる。

　VR の普及は、社会において「見る」ことから「体験する」ことへのシフトをもたらす。人間は物事を体験する場合、視覚以外にも多くの感覚刺激を受ける。VR システムの最大の特徴は、多様な感覚をどうやって合成的に提示するか言える。そのためには、人間の感覚にはどのような種類があり、どのような特性を持っているかを知る必要がある。VR システムで何らかのソリューションを提供しようとする場合、それに必要な感覚刺激は何で、それにはどのようなインタフェース・デバイスが必要か、ということがシステム設計の出発点になる。第 2 章では、このような視座に立って、人間の感覚の分類と特性について解説する。

1－2　歴史は繰り返す

　HMDの基本原理は1960年代から変わっていないということはすでに述べたが、実装方法も1990年前後のものとほぼ同じであり、筆者が昨今のHMDで映像を見ると懐かしい印象を覚える。実際、「元年」と言われた2016年に起こったことは1990年に起こったこととよく似ている。1990年のVRブームの火付け人だったのは、当時朝日新聞の記者だった服部桂氏である。新聞記事を口火に、『人工現実感の世界』（図1-4）という本を出版したことでこの技術が世の中で知られるようになった[1-3]。それ以降マスコミ各社が特集を組んだことも2016年と同じである。数多くの講演会が開催され、昨今のVR関連のイベントにおける熱気は、1990年当時を彷彿とさせる。当時と現代の大きな違いは、前者の担い手が研究者であったのに対し、後者はHMDを使ったビジネスである。それだけ、HMDの社会への浸透の影響は大きい、ただ、HMDの応用として検討されている百花繚乱の企画も、1990年代に議論されたこととほぼ同じであり、この点でも歴史が繰り返している。

　1990年代にHMDの研究と応用が進むにつれて、様々な課題が見えて

〔図1-4〕『人工現実感の世界』

きた。その後のVRの研究は、それらの課題の克服を目指していたと言える。歴史が繰り返すならば、今HMDを使った多くのアプリケーションは同じ課題に直面するはずである。これが、本書の副題として付けた「HMDを超える4つのキーテクノロジー」である。

①ハプティック・インタフェース

　まず、HMDで表示される映像がリアルでインタラクティブになると、それに触れたくなるのは自然である。ゲームコントローラーや最近のHMDに付属するハンドコントローラーには振動子が組み込まれ、触覚的な刺激を与えるようになっている。しかし、触覚は物理的な接触が不可欠であるため、視覚や聴覚に比べて非常にだまされにくい特性がある。筆者は1980年終盤にHMDを見た時以来、この問題に取り組んできて、第3章で述べるような多くの手法を試したが、未だに決定的なソリューションはない。振動子は最も簡単な実装方法であるが、その表現力には大きな制約がある。手応えという感覚は、対象物の硬さと重さを知覚することである。硬さにも多様な感じ方があり、物を押したときのへこみ具合や曲げたときのたわみ具合が硬さという感覚を発生する。これらの現象は振動子では表現できず、これらを正確に表現するためには、非常に高度な機械装置が必要である。触覚提示の研究は、VRと同じ長さの歴史を持っているが、一般的なバーチャル世界で有効に機能する手段は見いだせていない。

②ロコモーション・インタフェース

　触覚というと手で触れるものであるが、足で歩く感覚も重要である。HTC Viveは位置センサーの検出範囲が6畳間ほどあるので、その中を歩くことができる。自分の足で歩くと臨場感は絶大で、バーチャル世界に浸りこんだ結果、部屋の壁に激突してしまう。好きなだけ歩いても壁に激突しないようにする装置が、第4章で述べるロコモーション・インタフェースである。筆者が1989年に一番最初に作ったロコモーション・インタフェースは、特別製のサンダルを履いて、床との間に滑りを発生させて歩行動作が行えるものであった。昨今では、これと同じ方法を用いたベンチャー企業がキックスターターなどを賑わし、世の中に出よう

としている。実世界でキャラクタを探すゲームであるポケモンGOが大人気であるが、自分の足で歩いてバーチャル世界を探索するという行為は、これから重要性を増していくであろう。

③プロジェクション型VR

　1990年代当時、HMDは様々な研究機関で用いられたが、欠点として指摘されたことは何といっても脱着の煩雑さであった。HMDはレンズの光軸が眼球の中心に完全に合っていないと、本来の機能を果たさない。現在市場にあるHMDは画素が粗いので、多少の光軸のずれは気にならないが、これが高精細になると、わずかなずれで画質を大きく損なうことになる。体が動くとずれやすいので、しっかり固定する必要があり、それをやると窮屈である。もう一つの欠点は、HMDは装着者にしか映像を提供できないことで、顔の大半を覆うゴーグルは実世界におけるコミュニケーションを大きく阻害する。この二つの欠点を解決するために、1990年代中盤によく研究されたのが、大型のスクリーンで映像の部屋を作るシステムであった。1辺が2.5mの立方体の壁と床に立体映像を投影する"CAVE"と呼ばれるものがよく知られている。このようなプロジェクション型のVRがその後どうなったかは第5章で述べる。

④モーションベース

　バーチャル世界においては、視覚的には自由に飛行することが可能である。一方実世界で人間が飛行すると、移動に伴う加速度を身体が感じる。人間には前庭覚という加速度を感じる感覚機能があり、姿勢を保つのに重要な役割を果たしている。視覚情報と前庭覚情報が一致しないと「酔い」が発生する。実世界でも船の中にいると視覚と前庭覚に矛盾が生じ、多くの人に船酔いが起こる。VRは視覚刺激が強いだけに、酔いの現象はさらに深刻である。その対策として、人が乗った床を揺動させるモーションベースが用いられてきた。モーションベースはドライビングシミュレータやフライトシミュレータにおいてすでに実用化されている。モーションベースが発生する加速度は、単に前庭覚に刺激を与えるだけでなく、物理現象として体全体の各部位に見かけの力を発生させる。それが移動感覚を高める。現存する乗り物の加速度を模擬する技術はす

でに完成の域に達しているが、VRではあり得ない乗り物を定義することも可能である。その加速度をモーションベースで提示すれば、人間の身体感覚全体を変容させるポテンシャルがあると考えられる。その詳細は6章で述べる。

上記の4つのキーテクノロジーは、HMDが普及する過程で必ずや直面するであろう技術課題である。本書は、VRの研究開発をこれから始めようとする人々に、これらの装置がなぜ必要で、どうやって作ったかを伝えることを企図している。

なお、本書ではHMDそのものは解説しないが、昨今様々な入門書が出版されているので、そちらを参照されたい。またVRのより一般的な基礎については、日本バーチャルリアリティ学会が体系化を行っているので、文献[1-4]を読むことをお薦めする。

第2章

人間の感覚とVR

2−1　電子メディアに欠けているもの

　今日、電子メディアといえば、それに相当するものは視聴覚メディアである。視聴覚メディアの持つ最大の特徴を挙げるとすれば、それは身体性の喪失という点であるといえる。電話やテレビは人間の目と耳の届く範囲を飛躍的に広げた。最近ではインターネットによって、オンデマンドで映像が見られる時代になっている。これらの映像技術は人間の知的活動を身体から引離す結果を生んだ。座ったままボタンを押すだけですべての用が足りる生活すら現実のものとなりつつある。

　しかしながら、映像を通した体験が高度にインタラクティブになると、話は変わってくる。自分の動作が映像の中にダイレクトに反映されるようになると、動作に対する体感的なリアクションが欲しくなる。実世界では人間が行動すれば必ず物理的な抵抗が発生する。水中に浮遊すると別世界のような感覚が生まれるのは、人間が日常無意識に様々な外力を受けている証拠である。映像の世界と密にインタラクションを交わすようになると、ふだん、あたりまえのように感じている様々な抵抗力の欠如が不自然に思えるようになる。かくして、VRの研究領域においては、合成的な触覚を提示することに関する研究が活発に行われてきた。

　VRが他のメディア技術と最も異なる点は、人間の様々な感覚器官に対して合成的情報を提示することにある。そのため、この研究領域では多種多様なインタフェースデバイスが開発されてきた。人間は豊かな感覚受容能力を有しているため、これを活用するようなメディア技術を開発することは非常に重要である。従来コンピュータと人間の接する場はキーボードやマウスといった極めて狭い感覚チャネルを通じて行われていた。現在標準となっているこれらのインタフェースデバイスは人間の知的活動を制限しているとみなすことができる。つまり、インタラクションを行う環境が、記号的には複雑だが物理的には単純という歪を包含している。自然界で人間が活動する場は物理的な複雑性をもっており、それが人間に智恵をもたらしてきた。メディア技術を用いた知的活動も同様に物理的複雑さが必要である。したがって、物理的複雑さを人間に知覚させる複合的な感覚をいかに表現していくかという課題が、VRの

本質であるとも言える。本章では、以上のような視座に立って、VRにおける人の感覚について解説する。

2−2　感覚の分類

　VR において人の感覚に合成的情報を提示する場合、感覚の種類によって使用するデバイスがまったく異なるので、VR システムを設計する場合、感覚の種類に関する正確な知識が不可欠である。
　人間の感覚は日常的には五感と呼ばれるが、学術的には、従来より以下のように分類されている。
①特殊感覚（視覚・聴覚・味覚・嗅覚・前庭覚（平衡感覚））
②皮膚感覚（触圧覚・温覚・冷覚・痛覚）
③深部感覚（運動覚・位置覚・深部圧覚・深部痛覚）
④内臓感覚（有機感覚（空腹感、はきけ等）・内臓痛）
　これらの分類の各項目は「感覚モダリティ」と呼ばれ、それぞれ特性が異なる。そして、VR においては感覚モダリティごとにすべて提示装置が異なる。実世界では人間はすべての感覚モダリティに刺激を受容しているので、実世界と同じバーチャル世界を作るためには、すべての感覚モダリティに対して完璧な合成情報を与えなければならない。それだけ、この分類は重要である。
　最初の分類である特殊感覚とは、そのモダリティに特化した感覚器官が存在する感覚である。視覚には目があり、聴覚には耳があり、味覚には舌があり、嗅覚には鼻がある。日常会話でいう五感の内 4 つまでが特殊感覚に属している。前庭覚は耳の奥にある三半規管が加速度を検出する。
　皮膚感覚とは、皮膚に分布した感覚受容器の検出する情報である。触圧覚・温覚・冷覚といった機能を持った感覚点が存在する。つるつるざらざらといった感触が触圧覚で、熱い冷たいといった温度は温覚・冷覚である。感覚点の密度は部位によって大きく異なり、指先が最も密で、背中などは粗である。痛覚は感覚点ではなく、神経の末端が与える、皮膚感覚が皮膚の表面で発生するのに対し、深部感覚は皮膚よりも奥にある筋肉や関節で発生する。筋肉や関節にはそこにかかっている力を検出する受容器がある。その働きで自分の手足がどのくらいの速さで動いているのか自分で知ることができる。これが運動覚である。また、目をつ

ぶっていても自分の手先足先がどこにあるかがわかる。これが位置覚である。さらに物をつかめば硬いとか重いといった手応えを感じる。これが深部圧覚である。筋肉や関節にも神経の末端があり痛覚を発生させる。

　皮膚感覚と深部感覚を合わせたものは体性感覚と呼ばれる。体が動いたり、外界から体に力が加われば皮膚感覚と深部感覚は同時に発生させる。日常会話で言う触覚は、厳密には体性感覚であり、前述のような複雑な構造をもっている。

　体性感覚に関して非常に重要なキーワードが「ハプティックス」である。この言葉は「結合」を意味するギリシャ語を起源にするが、今日では皮膚や筋肉の感覚受容器が相互に結合して発生する感覚という意味合いで使われる。日常的に使われる「触覚」という言葉に比べると、ハプティックスはより本質を捉えた言葉であるといえる。

　体性感覚は人体と外界との物理的な相互作用があって初めて発生するものであり、自身の運動と不可分であることが視聴覚と著しく異なる。さらに、体全身の任意の場所で発生するため、この感覚を人工的に合成することは極めて難しい。デカルトが「現実」という言葉に与えた哲学的な定義は、「触れた際に抵抗があるもの」であり、見えるけれども手を差し延べると突き抜けてしまうものは「幻」であると言った。視聴覚チャネルでは幻が作りやすいのに対して、体性感覚チャネルで幻を作るのは容易ではない。これが、次章で述べるハプティック・インタフェースの実現が困難な理由である。

　合成的な情報が作りにくいという点において、体性感覚の特性に関する研究は、多くの提示手段が普及している視聴覚に関するものに対して多くはない。これまでに得られた体性感覚に関する知見をまとめた文献は、[2-1][2-2][2-3]などに見ることができる。

2−3　複合感覚

　人が受ける感覚刺激は、一つのモダリティだけということは稀であり、複数の感覚モダリティに同時に刺激を受ける。例えば、HMDでは左を見れば左にある映像が見え、右を見れば右にある映像が見えるため、高い臨場感を得る。この時人が感じる感覚は、視覚だけでなく首を動かすことによって発生する深部感覚である。体の動きに対する見えの変化が、人が外界を認識する過程において極めて重要なことが知られており、HMDで臨場感が得られるのは、このように視覚と深部感覚の相互作用によるものである。

　歩くという行為も複合的な感覚を発生する。足の動きによって深部感覚が発生し、体全体が移動すると加速度が発生し、それを前提覚がとらえる。体全体が移動すれば、外界の見え方も変化するので、視覚刺激も起こる。

　食べるという行為はさらに複合的である。特殊感覚に分類される味覚は舌が担うものであるが、舌が受ける感覚刺激は味物質による化学的なものだけである。口の中で発生する感覚は、食べ物の舌触りや歯応えが大きな役割を持っている。舌触りは舌の皮膚感覚であり、歯応えはあごの深部感覚である。舌の皮膚感覚は食べ物の温度も検出し、味に大きく影響する。さらに食べ物の匂いは口から鼻に抜け、嗅覚を発生する。鼻をつまんで物を食べると味がしないのは、この嗅覚の影響である。

　見回す、歩く、食べる、といったことは日常的に当たり前のように行っているが、感覚モダリティという観点からは非常に複雑な現象であることがわかる。VRでこれらの感覚を完全に提示することは極めて難しい技術が要求されることがわかる。

2-4　神経直結は可能か？

　VRにおいて感覚提示デバイスを用いず、神経系に直接刺激を与えることはSFの世界では当たり前のように描かれてきた。果たして現実にはどこまで可能なのかを解説する。

　体中に分散した感覚受容器が検出した情報は、神経を通って脳に到達し、脳がそれを分析し外界を認識する。したがって、脳に入る神経束に感覚受容器から上がってくる信号と同じものを人工的に作り出せば、原理的には感覚提示デバイスは要らないことになる。しかし、脳神経系は極めて複雑で解明されているのはごく一部である。仮に解明されたとしても、神経束に対して十分な刺激効果を安全に与える方法は、見い出されていない。予想しうる将来、すべての感覚刺激を神経系への直接刺激で与えることはできないと考えてよい。

　例外的に成功している感覚モダリティは聴覚である。音は1次元の時系列情報であり、耳から脳に行く聴覚神経も解剖学的にわかっているので、そこに電気刺激を与えて聴覚情報を脳に伝えることは十分に可能である。鼓膜などの聴覚器官に障害のある人に音を聞かせるための人工内耳は、この原理を使って実用化されている。

　一方眼球の機能を失った人に視覚情報を脳の皮質への電気刺激で与えようとする試みは従来より行われてきたものの、脳が認識する画像の分解能などの画質面で、遠く実用に及ばないのが実情である。

　電気刺激が有効なもう一つの感覚モダリティは前庭覚である[2-4]。耳の後ろに電極を貼って電気刺激を与えることによって、三半規管から得られるような加速度の感覚が発生することが知られている。左右の動きに絞って単純化すれば、前庭覚は聴覚と同じ1次元の時系列情報であるので、電気刺激で合成的な感覚を作り出すことが可能である。皮膚の外から電極を貼るという非侵襲的な手段で刺激が与えられるので、実用性もある。限定された状況では効果的な手法であろう。ただ、物体は空間で6つの自由度（並進が3、回転が3）があり、三半規管はそれらすべての自由度に対して加速度を検出するので、それらを完全に提示するのは困難が伴う。

筋肉に電極を刺して刺激を与えると運動が発生することは古くから知られている。皮膚の上から電極を貼るだけでも、その下の筋肉に緊張状態を起こすことが可能であり、この手法は機能的電気刺激と呼ばれている。この現象を用いて、あたかも体に外力が加わったかのような感覚を作り出すことが可能である。しかし、人間の深部感覚は触った物体の形状、硬さ、重さといった複雑な属性を感じ取ることができるので、これらを完全に再現することは電極を貼るだけでは不可能である。機能的電気刺激は、何らかの合図を与えるような用途に絞って使えば有効であろう。

第3章

ハプティック・インタフェース

3-1 ハプティック・インタフェースとは

　第2章で述べたように、ハプティックスとは体性感覚を意味する。そして、ハプティック・インタフェースとは、体性感覚に対して合成的な情報を提示する装置である。体性感覚は皮膚感覚と深部感覚に分類されるが、これらの感覚モダリティに対する刺激はその方式が大きく異なる。皮膚感覚はさらに触圧覚・温覚・冷覚に分類され、それぞれ異なる提示技術が用いられる。

　触圧覚は機械的な刺激を検出するものであり、高い周波数に応答する受容器と、低い周波数に応答する受容器が両方ある。前者に対しては、皮膚が接する物体に振動を与えることによって、つるつるざらざらといった表面性状を知覚させる。振動を与える方法はパネル全体を加振するものや、振動する細い針のアレイを作るもの、空気圧を用いるものなど多様である。電気刺激と併用するやり方もある。後者の感覚は皮膚が物体に押されるときや、こすれるときに発生する。これらの刺激は、小型モーターで接触面を動かし、圧縮力や剪断力を与える。ハプティック・インタフェースの研究領域では、この触圧覚に関する提示手法や人の知覚特性に関する研究事例が非常に多い[3-1]。

　温覚・冷覚は皮膚の温度変化を知覚するものであるので、皮膚に温度を上下させる装置を付ければ提示可能である。そのようなデバイスとしてペルチェ素子がよく知られており、電気信号によって熱エネルギーの出し入れが可能である[3-2]。温度を上昇させることは電熱線などの抵抗でもできるが、ペルチェ素子は熱を引いて、冷覚を提示することが可能である。

　皮膚感覚は実世界では触圧覚・温覚・冷覚は同時に発生するが、上記の触圧覚と温冷覚の提示デバイスを同じ場所に実装するのは困難が伴う。一方、個体の物体と接触するのではなく、流体が接触する場合も皮膚感覚が刺激される。例えば、風が皮膚に当たると触圧覚と冷覚を同時に発生する。風を送るのは装置としては簡単であるので、実用性の高い手法である。また、水流を皮膚に当てると、振動と圧縮力と剪断力が同時に発生するので、上記の機械的なデバイスとは異なる効果が生まれる。

日常会話で言う「触覚」という言葉には、このような皮膚感覚を連想させることが多いかもしれない。しかし、実世界で人が物を操作するときには皮膚の表面で発生する感覚よりも、筋肉や関節で発生する深部感覚によって硬さや重さを知覚することがより重要である。人は力の加減によって、外界を知覚し操作を加えているのである。したがって、VRにおいても深部感覚をどうやって提示するかが極めて重要な課題になる。深部感覚に刺激を与えるためには機械的な外力を人体に与えることが必要である。この外力をどのような方法で与えるかということがこの研究領域の主要な技術課題である。本章では、以上のような背景を踏まえ、筆者が行ってきたハプティック・インタフェースに関する取り組みを中心に、設計と実装の手法を紹介する。

　ハプティック・インタフェースの主要な実装方法を類型的に整理すると、「エグゾスケルトン」「道具媒介型」「対象指向型」の3つに大別することができ、それぞれの特徴を次に紹介する。

3−2 エグゾスケルトン

　筆者が手を使った映像とのインタラクションに興味を持ったのは、大学院の博士課程を終えて筑波大学に赴任した1986年のことであった。当時はNASAのData GloveやHMDを用いた初期のVRシステムが提案されて間もないころであったが、手の動きを計算機に入力するのであれば当然還ってくるのは触覚だろうと考えたわけである。しかし、それを実現するためには根本的な方式をまず検討する必要があった。人間の手に機械的な反力を与える装置としては、従来よりロボットの遠隔操作の研究に用いられたマスターマニピュレータがあった。これを、計算機に接続すればハプティック・インタフェースとして使用することが可能である。実際、1980年代までは遠隔操作用のマスターマニピュレータをハプティック・インタフェースとして用いようとする先駆的な試みが米国ノースカロライナ大学チャペルヒル校で行われてきた[3-3]。日本ではあまり知られていないが、同校は米国におけるVRの一大拠点である。彼らは原子力関連の主要な研究機関であるアルゴンヌ国立研究所からマスターマニピュレータを譲り受けて使用していた。しかし、この装置は部屋を占拠する大型のものであり、VRにおけるインタラクションという観点からすると使用に耐えないものであった。筆者は1988年に、この問題に対する解決法として「デスクトップ・フォースディスプレイ」という概念を提案した[3-4]。この装置はマウスの動く領域を立体的にしたような可動範囲を持ち、様々なデスクワークとの共存を可能にすることをねらっている。グローブ状のリンク機構に手を差し込むと、親指、人差し指、中指の指先に反力が与えられ、バーチャル物体を掴んだときの硬さを感じることができる。さらに、手の平が机の上に置かれた6自由度マニピュレータに接続されており、バーチャル物体の重さや壁に当たった抵抗等を感じることができる（図3-1）。ハプティック・インタフェースとして設計された多関節機構はおそらくこれが世界で初めてであろう。デスクトップ・フォースディスプレイのような外骨格を有する装置は「エグゾスケルトン」と分類することができる。

　ハプティック・インタフェースを実装する上で考慮すべき最大の課題

は、いかに装置を軽量小型にし、使用者にその自重を感じさせないようにするかである。人が十分な手応えを感じる外力を身体に与えるためのアクチュエータは、大きな出力が必要である。アクチュエータには様々な種類があるが、人の動作に対して即座に応答できる制御性が必要であり、実際のところモーターを用いるのが現実的である。しかし、その自重は出力に対してはるかに大きい。モーター本体を体とは別のところに置いて、ケーブル等で力を導くやり方もありうるが、そのケーブル自体の機械的抵抗が操作性を悪化させる。

　前述のデスクトップ・フォースディスプレイでは、グローブ部分の重量を軽減するために、指の根元の関節にモーターを一つずつ配置する構成にした（図3-2）。指には多くの関節があるが、それらに一つずつモーターを配置していると、大変な重量になってしまうので、反力を加える場所を指先に限定した。

　また、手の平に反力を与える6自由度マニピュレータには、パラレル

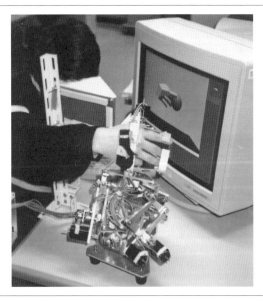

〔図3-1〕デスクトップ・フォースディスプレイ

メカニズムと呼ばれる各自由度を制御するための駆動ジョイントが並列に配置されている機構を用いている（図3-3）。具体的には2軸のパンタグラフを3組備え、各パンタグラフの頂部にユニバーサルジョイントを介して手の平を固定するためのプレートが乗っている。各パンタグラフを駆動するモーターの自重は土台が支えるので、使用者の手に重力が加わる部分はアルミ合金製のリンク機構だけである。この機構は、コンパクトなハードウェアで6つの自由度が実現でき、可搬重量が大きいというメリットを持つ。

並進力とねじりトルクを両方提示するためには6自由度の機構が必要であるが、これをデスクトップにのるような小型のものにするためにはパラレルメカニズムが大きな利点を持っている。この装置は最大で2kgf程度の可搬重量があるが、この性能を人の腕のような通常のマニピュレータで実現しようとすると非常に大きなハードウェアが必要である。

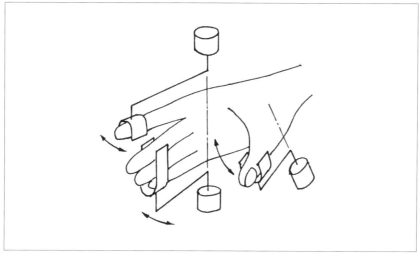

〔図3-2〕デスクトップ・フォースディスプレイの指のアクチュエータ

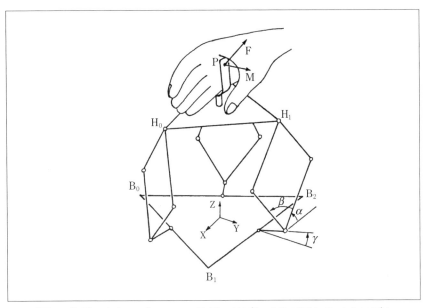

〔図3-3〕デスクトップ・フォースディスプレイのパラレルメカニズム

3-3 道具媒介型ハプティック・インタフェース

　エグゾスケルトンの最大の欠点は脱着の手間がかかることである。正しく装着しないとプログラム通りの反力が加わらない。体の動きが外骨格によって拘束されるのも避けられない欠点である。そこで、筆者は1993年にグローブ型の装置の代りにペンの形をしたグリップを取り付けた「ペン型フォースディスプレイ」を作った[3-5]。この棒状のグリップを介して棒の先があたかもバーチャル物体に当たっているように感じるわけである（図3-4）。この装置を設計する際にも、前述のハプティック・インタフェースの設計指針である装置を軽量小型にし、使用者にその自重を感じさせないようにすることを最優先している。それを実現するために、前述のパラレルメカニズムを用いた6自由度の機構を設計した。ペン型フォースディスプレイの具体的な機構は、棒状のグリップの両端がユニバーサルジョイントを介して、それぞれ3関節の小型マニピュレータに接続されている。棒の先端部分に接続された小型マニピュレ

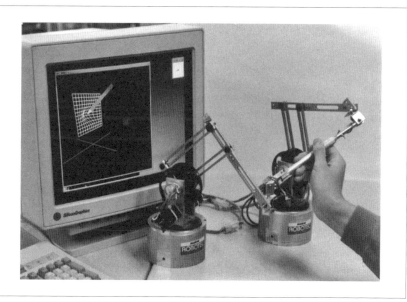

〔図3-4〕ペン型フォースディスプレイ

ータが把持部の位置を決め、棒の後端部に接続された小型マニピュレータが把持部の姿勢を決める。ロール軸（棒の軸回りの回転の自由度）の回転角は、2つの棒の両端の間隔をネジ機構によって回転に変換している。この仕掛けによって、3関節の小型マニピュレータ2台だけで、把持部の6自由度の動きを実現している。この機構には、6個のモーターの自重をすべて土台が支え、空中を動く部分には一切重量物がないという特徴がある。

　このようなグリップを把持する方式は「道具媒介型」と分類され、脱着の手間がかからないので高い実用性がある。ペン型フォースディスプレイという設計思想は、後に米国やヨーロッパで登場する様々なハプティック・インタフェース製品の雛形になっている。

　道具媒介型のハプティック・インタフェースは応用面でも大きなメリットがある。人は物に操作を加える場合、道具を使うことが非常に多い。立体形状をデザインする作業を行う場合、クレイモデルと呼ばれる粘土を用いた造形がされるが、粘土を形作るのにヘラ等の道具が用いられる。ヘラのグリップ部分を道具媒介型ハプティック・インタフェースで作れば、バーチャルなクレイモデリングが可能になる。このようなアプリケーションは、CADソフトを組み合わせてすでに製品化が進んでいる。

　道具を用いた作業でVRの応用が進んでいるのは手術のシミュレータである。手術にはメスや鉗子など様々な道具が用いられる。最近では開腹せずに内視鏡を差し込んで行う手術も普及している。このような手術をバーチャルに行う場合、術具の把持部を道具媒介型ハプティック・インタフェースで作ればよい。内視鏡下手術の訓練シミュレータは実用化が進んでいる。

　道具媒介型ハプティック・インタフェースの限界は、指の間に反力が提示できないこと、すなわちバーチャル物体を手で掴んだ感じが出せないことである。しかし、前述のように実用面では道具を媒介にするものが非常に多い一方で、指で掴んだ感覚が必須なアプリケーションは必ずしも多くない。

　筆者は1990年代初頭に、開発したばかりのハプティック・インタフ

ェースを世に出すために、製品化を試みた。1993年にはHapticMasterという商品名で日商エレクトロニクスを通じてデスクトップ・フォースディスプレイの製品化を行った（図3-5）。この装置も、パラレルメカニズムを使用しており、3組の3関節小型マニピュレータを用いている。この機構は、可動範囲が球形で機構的特性が等方的であるため、限られた可動範囲が有効に使えることである。HapticMasterはフォースディスプレイの様々な応用形態に対応できるように設計されており、通常は球形のグリップを用いるが複数の指に反力を与えるエグゾスケルトンにも容易に拡張することが可能である。

筆者の研究室では、HapticMasterを3次元形状設計や手術シミュレータ等に応用してきたが、市販品としては十分な品質とサポート体勢が確保できず、テイクオフすることはできなかった。そして、翌1994年に登場したSensable Technologies社のPHANToMがこの業界の人気を独占することになった。この製品は拳大の可動範囲を持つ3自由度のハプテ

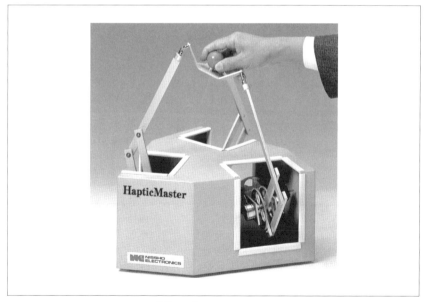

〔図3-5〕HapticMaster

ィック・インタフェースである。前述の形状モデリングや手術シミュレータなどのアプリケーションには、PHANToMがよく使われている。PHANToMの成功に触発されて、ヨーロッパからも道具媒介型ハプティック・インタフェースの製品がリリースされている（図3-6）。

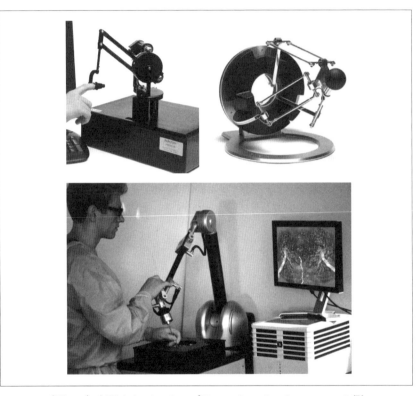

〔図3-6〕市販されているハプティック・インタフェースの例
（PHANToM, Omega.3, Virtuose 6D 製品カタログより）

3−4　対象指向型ハプティック・インタフェース

　前述の「エグゾスケルトン」や「道具媒介型」のハプティック・インタフェースのもつ根本的な限界として、反力が提示される部分が一つまたは複数の「点」に限定されるということである。これまでに実用化されたアプリケーションでは指先やペン先を使うだけで十分であるが、人間にとっては手の平という「面」で触れるのが自然である。前述の「エグゾスケルトン」や「道具媒介型」のハプティック・インタフェースを数多くの人にデモしてきた経験から、無視できない比率でバーチャル物体を触覚的に感じ取れない人が存在することがわかった。その主たる理由が、反力が提示される部分が点に限定されることであった。

　面で対象物に触れることを可能にするものとして、筆者が「対象指向型」という名前で分類する、ハプティック・インタフェースの新しい構成方法がある。対象指向型とはインタフェース・デバイス自体が変形してバーチャル物体の形状を模擬するものである。この方式は原理的には手に何も付けなくてもバーチャルな触覚が得られるというメリットがある反面、ハードウェアの実現がきわめて難しく、再現できる形状に限界がある。そのような技術的問題から、この方式のハプティック・インタフェースはまだ試験研究の段階にとどまっている。

① FEELEX

　筆者は"FEELEX"と名付けた対象指向型ハプティック・インタフェースの研究プロジェクトを1995年にスタートさせた[3-6]。FEELEXの基本構造は、映像を投影するスクリーンをゴム膜のような弾性体で作り、その下に力センサーの付いた直動アクチュエータをアレイ状に配置するものである（図3-7）。各アクチュエータの長さを制御することによって、スクリーン面に凹凸を与えることができる。通常の立体映像は平らなスクリーンに両眼視差のついた映像を映すが、FEELEXではスクリーン自体を立体的にする。そして、人の手がスクリーンに加えた力に合わせてアクチュエータの動きを制御することにより、スクリーン自体に任意の硬さや粘さを与えることができる。硬い物体を表現するときには力を加えても変形せず、柔らかい物体の場合は、わずかな力で変形が起きるよ

うにプログラムするわけである。スクリーンに映った映像に、手の平で直接触れる感覚が得られるのがこの装置の最大の特徴である。ユーザがスクリーン面に触れているときしかアクチュエータは動作しないため、他の方式に比べて安全性が高いのも利点の一つである。

　コンピュータグラフィックスの世界大会であるSIGGRAPH'98においてこの装置の展示を行ったが、そのとき発見したことは複数の人が同時にスクリーンに触る傾向がしばしば見られたことである。エグゾスケルトンや道具媒介型のハプティック・インタフェースでは原理的に一つのデバイスは一人のユーザしか使えないが、FEELEXは面状にアクチュエータが広がっているために多くの人が同時に好きな所を触ることができる。また、同じ場所を2、3人が同時に触ることも可能であり、同じ触覚刺激を共有できる。通常のバーチャルリアリティのシステムにおいて、映像は大型スクリーンに映すことによって多くの人が同時に見られるが、触覚ディスプレイは一人だけしか体験できないのが、大きな問題であった。触覚は原理的にその人だけの体験であるが、FEELEXはその限界を超えるポテンシャルがあると考えられる。

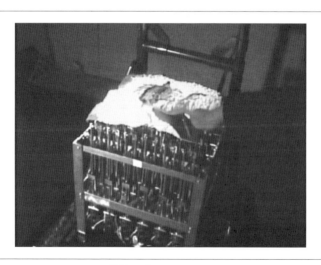

〔図3-7〕FEELEX 1

FEELEXのコンテンツとして、アノマロカリスという古代生物のモデルを実装した。アノマロカリスはカンブリア紀に生息したといわれる謎の多い生物で多くの人が関心を持っている。頭が固くて背中が柔らかいと分析されている知見に基づいて、弾性値を適宜設定し、硬さのある映像を制作した。このコンテンツは富山市の小学校で理科の時間に教材として使用された。異様ともいえる触覚体験は子ども達に衝撃を与え、動機づけに役だったそうである。

　上記のプロトタイプはアクチュエータの間隔が4cmと広いため、物体の細かな形状を表現することには限界があった。これは、モーターの上にネジ機構を付けて、上下動を実現していたため、モーターの直径よりもロッドの間隔が小さくできなかった。そこでロッドの密度を上げるために、直動アクチュエータにピストンクランク機構を使用して先端の間隔を細かくしたFEELEX 2を試作した（図3-8）。この装置では直動ア

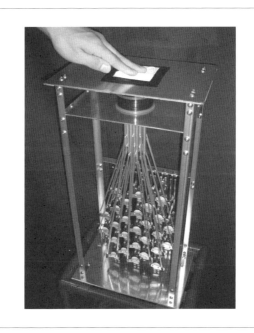

〔図3-8〕FEELEX 2

クチュエータの先端が8mm間隔で並んでおり、これは人間が触診して知覚できる最も小さなものを表現することができる。この装置を用いると、人体内部の腫瘍を触診するようなことを模擬することができる。

　ピストンクランク機構を用いるとモーターの大きさよりもロッドの間隔を小さくできるが、ロッドの数が増えるとモーターを場所がだんだんなくなってくる。そこで、一つの直動アクチュエータをどこまで細くできるかという問題に挑戦したのがFEELEX 3である（図3-9）。触覚提示に使える出力を有する最も小型のモーターの直径が4mmであったため、直径4mmのネジ機構を作り、4mm間隔のアクチュエータ・アレイを実装した。皮膚感覚のみの提示であれば、1mm未満の間隔でピンを並べることもできるが、深部感覚を提示することが可能なデバイスの解像度としては、実質的にはこれが限界であろう。

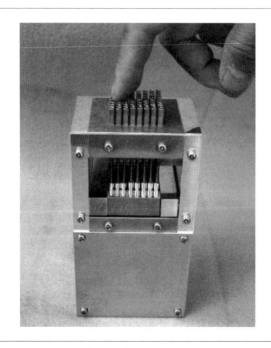

〔図3-9〕FEELEX 3

② Volflex

　FEELEX の限界は、上下方向の広がりである。直動アクチュエータで変形できる面の高さには制限があり、例えばアノマロカリスのお腹は触ることができない。そこで、立体的な形状が表現できる手段を模索し、空気圧バルーンの集合体でデバイスを構成する "Volflex" のプロジェクトを 2005 年にスタートさせた [3-6]。各バルーンの空気圧をシリンダで制御することによって様々な立体形状を作り出すことができる（図 3-10）。FEELEX では上から押す動作しかできなかったが、Volflex では両手で掴む動作も可能である。

　Volfex の設計課題は、バルーンの配置をどうやるかである。3 次元空間を球体で充填する配置としては、体心立方格子の構造がよく知られている。最初に試作した Volflex では、25 個のバルーンを用いて体心立方格子を構成した。各バルーンはチューブで空気圧シリンダに接続され、シリンジの押し込み量をモーターで制御することによって、バルーン内

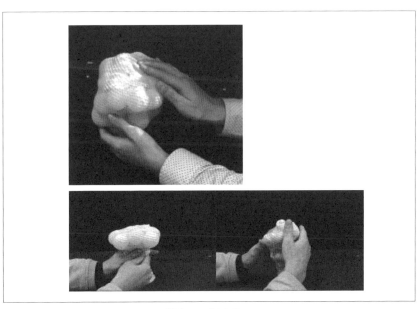

〔図 3-10〕Volflex

部の空気圧を制御した。チューブ内の気圧を測定するセンサーも備えていて、ユーザがバルーンを押した力を検出することができる。この機能により、粘土細工のように変形するバーチャル物体を模擬することができる。実物の粘土と異なり、容易に元の形にもどしたり、複数の形を合成したりして編集することが可能である。

　最初の試作機は、バルーンの中心の位置が固定であったために、表現できる形状に制約があった。そこで、バルーンに接続されたチューブを直動アクチュエータで上下させ、位置を変えられるようにした。したがって、直動アクチュエータが最下部にあるときには、FEELEXのように平面になる。直動アクチュエータを延ばすと、そこから立体が現れることになる。この場合、バルーンの体積変化によって、他のバルーンのチューブと干渉する問題があるので、さらに各チューブが延びる方向を変えるアクチュエータを搭載する試作機も開発中である。

　Volflexは、空気圧の制御やチューブの引き回しなどの点で技術的課題が多い方式ではあるが、立体形状の表現できる対象指向型ハプティック・インタフェースとしては最も高いポテンシャルがあると考えられる。

　対象指向型ハプティック・インタフェースに関して、デバイスの硬さを変化させることはキーとなる技術である。その一つの可能性として「ジャミング」と呼ばれる手法がある。コーヒー豆を袋に入れて内部の気圧を下げると、大気圧によってコーヒー豆どうしが密着し、袋全体が硬くなるという現象が知られている。この原理を用いると、バルーンの幕を2重にし、その隙間にコーヒー豆のように減圧時に密着する素材を充填すると、バルーンの表面を所定の形状で硬化させることができる。バルーン自体は弾性体でないと膨らまないので、それだけでは固体の硬さを表現することは難しい。ジャミングの技術を組み合わせると、軟らかいものから硬いものまで広い範囲の硬さを表現することが可能になる。

③遭遇型ハプティック・インタフェース

　これまでに紹介した対象指向型ハプティック・インタフェースは、操作対象物の形をすべて表現することを目指しているが、接触する部分を

指先に限定すれば、そこの面だけを用意すればよい。すなわち、指先がバーチャル物体に接触する位置にだけ、マニピュレータで面を提示する方法がありうる。指先の位置をセンサーで追跡し、バーチャル物体の表面がある位置まで動いてきたら、マニピュレータの先端をその位置まで移動し待機させる。そして指がそれに接触したらそこで壁を感じるわけである（図3-11）。この方式の例として、様々なバーチャル物体を表現するために、面や稜線などの形状要素を模擬する立体をマニピュレータの先端に取り付け、手が接触する位置に遭遇させるものが試作されたことがある [3-6]。

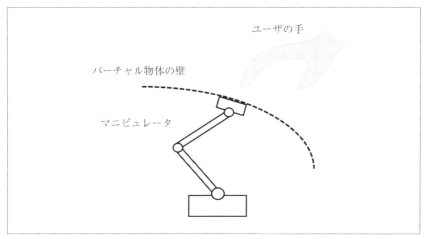

〔図3-11〕遭遇型ハプティック・インタフェースの原理

3−5　ウェアラブル・ハプティックス
−ハプティック・インタフェースにおける接地と非接地

　プロセッサやインタフェース・デバイスを常時身に付けるウェアラブル・コンピュータはよく研究されてきた。VR は HMD やデータグローブ等の装置を身に纏うという点で元来ウェアラブルであった。換言すれば、装着することを余儀なくされるという宿命にあったために、着用時の快適性を向上させる努力が続けられてきた。最近製品化が進んでいる、ウェアラブル・コンピュータ用の画像ディスプレイは、HMD を小型化するために開発された技術が用いられている。

　装置をウェアラブルにするということは、実世界を移動しながら、バーチャル環境をも体験することが可能になる。それは HMD に限らずハプティック・インタフェースにおいても同じである。しかし、ハプティック・インタフェースを机や床に置いて使うのと、身に付けて歩くのとでは、その機能に本質的な違いがある。前者は接地型で後者が非接地型であるが、後者の場合はバーチャル物体にかかる重力や、床からつながる壁から受ける抗力を表現することが原理的に困難である。壁からの抗力や重力は地面から反力を受けなければならないので、インタフェース・デバイスが接地している必要がある。もし、磁力を使って非接触で反力を提示しようとすると、非現実的に強大な磁場が必要になってしまう。一方、非接地型のメリットは、何といっても大空間のどこでも使えることである。したがって、ウェアラブルなハプティック・インタフェースを作る場合には、表現力の限界を踏まえつつ、移動することによる効果を生かすような使い方を考えなければならないことになる。この問題に対して筆者がこれまでに行ってきた試みを、類型的に紹介する。

①着用型力覚帰還ジョイスティック：Wearable Master

　エグゾスケルトン型のハプティック・インタフェースはウェアラブルであるが、アクチュエータまですべて含めたシステムを装着するとなると、かなりの重量があり、実用的には大きな問題がある。また、前述のように脱着やキャリブレーションにかかる手間が煩雑である。その問題に対する回答として、道具媒介型のハプティック・インタフェースが開

発されていることもすでに述べたが、このような装置はデスクトップでの使用を前提としている。

　筆者は、この道具媒介型のハプティック・インタフェースをウェアラブルにしたものを1998年に開発した[3-7]。"Wearable Master"と名づけたこの装置は、モバイルであることと、道具把持型の簡便さという2つの利点をあわせもつことが最大の特徴である。このデバイスは、そでの下に3軸の小型フォースフィードバック・ジョイスティックを付けるような構成になっている（図3-12）。この装置は、腕と指先の間に内力を発生させる。指先は腕に比べてはるかに敏感であるため、指先にかかる力を外力のように錯覚させることが可能である。ジョイスティックの把持部には空間位置センサーが付いており、バーチャル物体との接触を判定し、しかるべき力ベクトルを指先に与える。この装置は可動範囲が無限大のジョイスティックであるということができる。

　この装置の使い方としては、5章で述べるような大画面の没入ディスプレイの中に入って、物体の操作を行うということを想定している。近年、自動車などの設計において、モックアップを作る替わりに、大型スクリーンを用いて立体映像を表示することが実際に行われるようになっている。そのようなアプリケーションには有意義なはずである。一方、

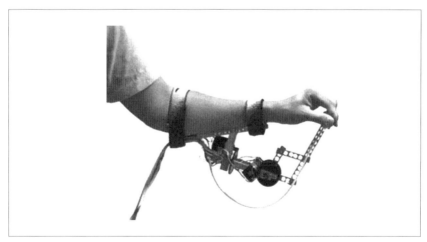

〔図3-12〕Wearable Master

この方式の限界は、やはり地面からの反力を得ることができないため、なぞり動作を連続して行うと、バーチャルな壁に徐々にめり込んでゆく傾向が見られる。たたくような動作であれば問題ないので、使い方には若干の注意が必要であろう。

②ジャイロモーメントを用いたハプティック・インタフェース：GyroMaster

　非接地で遠隔から身体に外力を与える方法として、磁力は装置の巨大さから非現実的であるが、フライホイールを回転させてその角運動量を利用するものは可能性がある。その利用の仕方としては、フライホイールの回転数を変えて角運動量自体を変化させるものと、フライホイールの軸を回転させてジャイロモーメントを発生させるものがある。前者は装置が簡単に実装できる利点があるが、回転数を急速には変化させにくいため、提示力に制限がある。フライホイールを止めるのはブレーキで瞬時にできるが、再び回転数を上げるのは容易ではない。したがって、外から衝撃力を受けたような感覚を提示するのに適している。VRの学生コンテストであるIVRCでは、この原理を用いてチャンバラゲームを行う作品があった。

　後者は、フライホイールをジンバルに入れる機構を作らなければならないが、回転軸の方向を制御することによって、任意のトルクを作り出すことができる。この利点に着目し、筆者の研究室では、ジャイロモーメントを用いる方式の研究を進めてきた[3-8]。高速回転する円盤に外部から力を加え、軸の向きを変えようとすると、加えた力と垂直の方向に対して回転軸に力が働くというジャイロ効果はよく知られている。このジャイロ効果を用いると、装置を机や地面に固定することをしなくても、外力を身体に与えることが可能になる。この性質を用いて、ハプティック・インタフェースを実現したものが"GyroMaster"である（図3-13）。これは直径60mm、重量100gのアルミ合金製フライホイールを、ピッチ回転とヨー回転する2軸のジンバルに取りつけたものである。フライホイールは8000rpmで回転し、ジンバルは最大50rad/sで旋回する。この装置は最大で20kgf・cmのジャイロモーメントを発生する。

　この装置が所定のジャイロモーメントを生成するためには、常にジン

バルをホームポジションに戻す必要がある。戻すときにはユーザが知覚できないようにジンバルを動かさなければならない。そこで、この装置を用いて人間がジャイロモーメントを感じることのできる閾値を、上下法を用いて測定したところ、980gf・cm であった。したがって、この閾値を越えない角速度でジンバルを戻せばよいことになる。

　ジャイロモーメントを用いたハプティック・インタフェースの使い道としては、Wearable Master と同様に大空間における領域の提示がまず考えられる。例えば、バーチャルな障害物に接したときに押し戻すような力が働けば、その境界を直感的に把握することができる。ただし、この方式には連続的な力が出せないという限界がある。これは、ジンバルをホームポジションに戻す間は、提示力を発生できないという原理的な問題である。

　ジャイロモーメントを用いた力覚提示に固有な使い方として、人間の体の動きを誘導するという機能がある。これは、フライホイールの角度

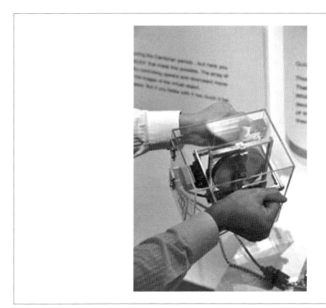

〔図 3-13〕Gyro Master

が変化するときしかトルクが発生しないという現象を用いて、所定の軌道を運動している間はジャイロモーメントが発生しないようにジンバルの角度を制御し、それからずれたときに元に戻すような力を発生させるということを行うわけである。例えば、この装置を手に持って腕を振ったときに、適当に腕を振っているうちに理想的な動きに近づいていくという効果が得られる。スポーツやダンス等の動きを教えるのに、このような機能は有益なはずである。スポーツやダンスの動きは、広い範囲で起こるので、これを接地型のハプティック・インタフェースで実現するのは困難が伴う。したがって、ウェアラブル・ハプティックインタフェースに、最も適したアプリケーションとも言えるだろう。

③振動子を用いたウェアラブル・ハプティック・インタフェース

　携帯電話が搭載しているような振動子は、最も実装が容易なハプティック・インタフェースであるため、実用化が進んでいる。従来の振動子は、モーターの回転軸に偏心質量を付けることによって振動を発生させていたので、振動発生までの立ち上がりに時間がかかるという欠点があった。そのため、振動パターンの作り方に制約があった。最近では、質量を直線的に移動させる振動子の製品化が進んでいるため、応答性が向上し多様な振動刺激が提示できるようになっている。ゲーム機のコントローラーや、市販されているHMDに付属するハンドコントローラーには振動子が仕込まれている。ベストに振動子を入れて、胴体に衝撃が加わった感覚を出すことをねらったものも登場している。

　振動子は、原理的に非接地で皮膚感覚に対して刺激を与えることが可能であるため、ウェアラブル・ハプティック・インタフェースとして用いられてきた。多数の振動モーターをジャケットに縫い付けて、各モーターの振動強度を適宜制御すると、体が物に当たった感じや物が体をすり抜けるような感覚を作ることができる。実際に物が当たったときとは物理現象が異なるので、リアリティという点では限界があるが、映像と組み合わせると様々な効果が期待できる。筆者の研究室では、振動モーターを面状に配置してジャケットを用いて、体の一部がある領域に入り込んだという感覚を作り出す研究を行った。例えば、サイエンティフィ

ック・ビジュアリゼーションの結果をこのような装置を用いて「可触化」すれば、濃度の違う領域を皮膚で感じることができる。振動子は現実に存在するものを正確に模擬することができないので、数値データの可触化のような非現実的な世界の表現にその応用を見出してゆく必要がある。もっとも、VRの応用が最も進んでいるゲームの世界は元々非現実なので、振動子は効果的である。

　振動子は物理的には皮膚感覚を刺激するものであるが、振動パターンの作り方によっては深部感覚を錯覚させることが可能である。振動子は質量の往復運動によって振動を発生するものであるが、この往復運動を対称ではなくて、行きと帰りで異なる動きをプログラムすると、片一方に引っ張られるような錯覚が起きる。NTT基礎研究所では、特殊なピストンクランク機構を用いて往復運動に速度差を付け、手が一方向に引かれる感覚を生成することに成功した[3-11]。この原理は装置を小型化して指先に付けることも可能であり、「ぶるなび」という名前で実用化が進められでいる。

　筆者の研究室では振動スピーカーに非対称な正弦波を加えると、それを持った手が一方向に引っ張られる感覚が得られることを確認している[3-12]（図3-14）。振動スピーカーは非常に低コストなので、最も費用対

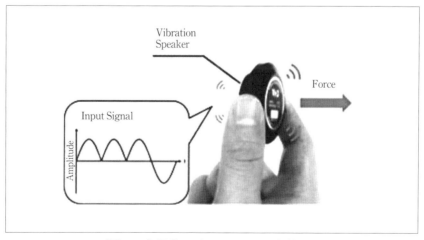

〔図3-14〕振動スピーカーによる力覚提示

効果が高いハプティック・インタフェースであるといえるだろう。

3−6　食べる VR

①Food Simulator の基本設計

　味覚は人間の感覚の中で最も人工的に作り出すのが難しい感覚である。味覚が難しいのは、それをもたらすのが舌で受容する化学物質だけにとどまらず、人間のすべての感覚モダリティが関与することである。ただ単に味物質を舌の上に滴下するだけでは、ものを食べるという体験からはほど遠い。食べるという行為は極めて能動的でインタラクティブである。自分でものを噛まなければ、その体験はスタートしない。そして、噛むという動作は必然的に歯応えという感覚を発生させる。それはまさにハプティックスである。

　筆者は食べるという行為に対応する感覚ディスプレイの開発を 2002 年に着手したが、その主たる動機は 2 つある。まず、味センサーの研究が進んで、味を生成する 5 つの基本味（甘味、酸味、苦味、塩味、旨味）についての知見が整理されてきたことである。重要なのは、味センサーの測定データに基づいて 5 つの基本味に対応する味物質を合成すると、もとの味が再現できることである。このことは、5 つの基本味から任意の味が合成できることを意味する。視覚ディスプレイにおいて 3 原色から任意の色ができるのと同じである。化学的な味の合成が可能である以上、技術的に残った課題は歯応えを提示する装置をどうするかである。これは、筆者がこれまでに行ってきたハプティック・インタフェースの領域である。

　第二の動機は物を噛むという運動は、人間の健康に極めて密接に関連することである。あごの運動が脳の機能を活性化するという指摘もある。噛む動作に対応したハプティック・インタフェースがあれば、歯応えのプログラムを工夫することによって、歯の悪くなった高齢者が様々なものを噛む体験ができるようになり、逆に子どもに噛むことの重要性を認識させることもできる。

　"Food Simulator" はこのような認識に基づいて、筆者が試作した食感提示装置である [3-13]。これは口の中に入れて歯の間に食品の抵抗力を発生させる機械装置である（図 3-15）。あごの形を考慮して可動範囲を

求めた4節リンク機構を設計している。モーターが搭載されており、噛んだ部分に抵抗力を発生する。歯のあたる部分には、力センサーが取り付けられており、体験者がどのくらいの力で噛んでいるかを検出する。この力センサーの検出した噛む動作に合わせて、バーチャルな歯応えを発生させるようにモーターを制御する。この装置を用いてどのようにしてコンテンツとなるバーチャル食品を作るかは、7章で改めて紹介する。本装置は衛生面の問題を考慮して、口内に入れる部分には、ゴムと布の二重のカバーをかけている。

②複合感覚の提示

　味覚は高度に複合的な感覚でありため、Food Simulator に噛合力以外の感覚提示を組み合わせるとさらに効果的である。

・音の提示方法

　音は噛む動作と同時に発生するので、あごの骨を伝わってくる音を提示することは効果的である。人間が食品を噛むときの音は2種類の経路で耳に伝わってきている。空気を伝わる気導音と、頭蓋骨から内耳に直接伝わる骨導音である。前者は、空気の振動が鼓膜を振動させ、中耳の

〔図3-15〕Food Simulator

耳小骨によって拡大されて内耳の壁に伝えられる。後者は、空気をまったく介さず頭蓋骨等から内耳に直接的に伝わってくるため、聞こえている本人にしかわからない。例えば録音された自分の声がいつも自分で聞いているのと違った音に感じるのは、気導音のみが録音され、骨導音は録音されていないためである。

　食品を咀嚼する際に聞こえる音の大半は骨導音である。この骨導音を提示することで、より高い臨場感が得られると考えられる。本システムでは、骨伝導マイクで録音した咀嚼時の音を骨伝導スピーカーで提示する。録音された音は、ハプティック・インタフェースの動作に合わせて再生している。例えば、クラッカーを模擬するときは、噛む力が最初のピーク値を超えたことが計測されたときに、クラッカーが割れる音を再生する。

・味物質の提示方法

　前述のように舌で感じる味は、5つの基本味から合成できる。味は、食品中のアミノ酸によって決定されるため、各アミノ酸含有量を食品成分表より調べる。各アミノ酸にはそれぞれ呈味する味の種類があるため、その分類によって5基本味を調合する。本研究で使用した基本味は、砂糖（甘味）、酒石酸（酸味）、食塩（塩味）、グルタミン酸ナトリウム（うま味）である。これらを水に溶かし液体として味物質を構成する。本装置ではFood Simulatorのリンク機構に、液体の味物質を運ぶチューブを取り付け、噛んだときに合わせて、この味物質を吐出させる。この方式によって、歯応えに加えて味を出すことができる。味物質の吐出には、化学実験で一般に用いられるシリンジポンプを用いている。シリンジポンプはPCに接続され、プログラムによって制御される。味の提示は音の場合と同様に、体験者の加える咬合力が破断応力に達したかどうかを判断して、液体を射出する。今回の提示では、すでに合成された液体を1台で提示したが、このシリンジポンプを5台用いて5基本味を割り当て、噛む瞬間に合成・提示することも原理的には可能である。

・匂いの提示は可能か？

　味には匂いも密接に関連しているが、実は嗅覚の提示には原理的な問

題がある。味には5つの基本味があるのに対して、匂いには基本臭が存在しないため、任意の匂いを合成することができない。数千種類とも言われる匂い物質をすべて用意するのは現実的でない。

　ただ、嗅覚という感覚は空気中の匂い物質を鼻の受容器が検出するものであるため、非接触で提示することが可能である。空気中の匂い物質は、気化器を用いれば容易に生成できる。その混合気をチューブで鼻の前に吐出させれば、匂いを感じることができる。このようなチューブはHMDに組み込むことができるため、映像と匂いを同時に提示する研究が進められている [3-13]。

　匂いの提示において難しいのは、一旦吐出した匂い物質を消すことであるが、吐出量が微量であれば、空気中に拡散して匂いが知覚できなくなるという特性がある。

③ Food Simulator のユーザビリティ

　Food Simulator は、当時の人類が初めて接する、口に入れる感覚ディスプレイであった。これが一般の人にどう受け入れられるかを見るために、2003年7月に米国サンディエゴで開催されたコンピュータグラフィックスの年次大会 SIGGRAPH において実演発表を行った。この実演発表によってそれまで「味覚のバーチャルリアリティは不可能」と思われていた定説を覆すことに成功した。

　5日間の会期で、本装置を体験した人は合計653人にのぼった。内訳は男性が496人、女性が157人である。デモプログラムは2種類用意し、せんべいとグミキャンディーを模擬した。前者は歯応えに骨伝導音を加え、後者は歯応えにリンゴ味の液体吐出を組み合わせた。

　527人の体験者に対して、体験中に「どのような食べ物を想像するか」というインタビューを行った。その反応を以下の3つに分類した。
(1) 正解を言い当てた。
(2) 最初はわからなかったが、正解を教えると「なるほど」と納得した。
(3) 正解を教えてもわからなかった。

　その結果は、87％の人がせんべいを認識し、96％の人がリンゴ味のグミキャンディーを認識することができたことがわかった。

④ Food Simulator の応用分野
　Food Simulator は任意の食感をプログラムできるので、様々な応用が考えられる。代表的なものとしては以下のものがある。
(1) トレーニング
　高齢者は噛む能力が低下するので、実物の食物を噛むことは困難が伴う。食感提示装置を用いると、実物の食物より歯応えの小さな力を呈示できるので、噛む能力に合わせたトレーニングが可能になる。一方、若年層には、実物より硬い歯応えを提示することによって、あごを鍛える効果が期待できる。ものを噛む行為は脳の活性化と密接であるため、高齢者、若年層いずれにとっても食感提示装置は健康に寄与することができる。
(2) エンタテイメント
　食感提示装置は実際には存在しない食物を呈示することができるので、食べるという動作を用いた新しいエンタテイメントが考えられる。例えば、噛んでいるうちにビスケットからゼリーに食感が変化するということも可能である。噛む動作を積極的に用いるゲームがあれば、子どものあごの発達に貢献するであろう。
(3) 食品の設計
　新しい食品を設計する際に、食感提示装置を用いてどのような歯応えがよいかを調べることができる。実際に食品を作ってから歯応えの良し悪しを調べるのは多大な時間と労力がかかるので、それを模擬できれば生産性が向上するであろう。

3-7 ハプティックにおける拡張現実

1990年代にHMDの研究が盛んに行われたときに、実世界のシーンにCGを重畳する拡張現実（Augmented Reality / AR）が提案された。2000年代になると視覚的に実世界とバーチャル世界の情報を融合する技術は複合現実感（Mixed Reality / MR）として一般化された。今日では、ポケモンGOに代表されるように、実世界のシーンにバーチャルなものを重ね合わせるアプリケーションは高い人気を集めるようになっている。

筆者はハプティクスにおいて拡張現実を実現する"Feel Through"プロジェクトを1998年にスタートさせた。発想の出発点は、視覚のARにおいて実物体に重畳されたバーチャル物体に対して、実物体とシームレスな手応えを与えることであった。前述の道具媒介型ハプティック・インタフェースの把持部の先端を延ばし、実物体に触れられるようにした（図3-16）。実物体に触れている間は、リアルな反力が返ってくるので、モーターは作動させず、棒の先で物をつついているのと同じ現象となる。把持部の先端が実物体を離れ、バーチャル物体に接触する状態になると、モーターが作動し手に反力が与えられる。その結果、実物体を棒の先でつついているのと同様な感覚が得られ、シームレスな手応えが実現される。

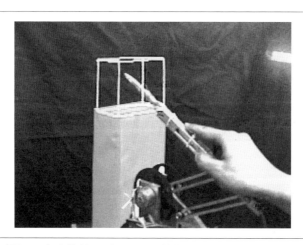

〔図3-16〕実物体とバーチャル物体のシームレスな手応え

次のステップの Feel Through では、自分の手が実世界においてあたかも遠くに延びていって、そこにあるものに触れたような感覚を得ることをねらった。具体的にはバーチャルなビームをシースルー映像で見せ、そのビームが何かに当ると、ハプティック・インタフェースが手応えを提示するものである。この Feel Through には様々な実装形態がありうるが、ハンドヘルドデバイスにまとめると実世界での応用が広がる。このデバイスは、モーターで反力を提示するダイヤルとシースルー映像を表示するディスプレイ・パネルを備える（図3-17）。対象物との距離を測るレーザーレンジセンサーも備える。ディスプレイ・パネルの映像には実世界のシーンにバーチャルなビームを重畳した映像が表示され、ダイヤルを回すとそのビームが延びてゆく。その先が対象物に当たるとダイヤルに反力が発生し、あたかも自分の手先がその物体に触れたような感覚が得られる。この装置を用いると手が届かない遠方を手探りすることが可能になり、また博物館などのガラスケースに入った展示物を、ガラスを通り越して触れた感覚を得ることも可能である。

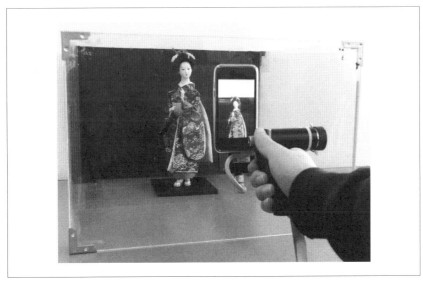

〔図3-17〕バーチャルビームで遠隔の物に触れた感覚を生成する Feel Through

3-8 疑似力覚

　力覚提示には、これまで述べてきたような複雑な機械装置が必要である。このような機械装置を使わずに、視覚情報を使って、あたかも力覚が存在するかのように錯覚させる手法が、疑似力覚（Pseudo-haptics）である。これは深部感覚が視覚刺激にだまされるという性質を用いている。例えば、映像情報としてバネのCGを表示し、手には力センサーが付いた棒を持つという状況において、棒を押したときにその力に応じてCGのバネが縮むという映像を表示すると、あたかも実物のバネを押しているように感じるという現象がある。ユーザの力に合わせてCGのバネを伸び縮みさせると、それを見ているユーザはCGのバネがあたかも自分のものに思えてくる。CGのバネが押し込む力に対してあまり変形しなければ、硬いと感じ、大きく変形すれば軟らかいと感じるわけである。この現象は深部感覚の錯覚として、よく研究されてきた[3-15]。

　別の例としては、実物の円柱を持って、それと同じ位置にHMDを使ってCGの物体を提示すると、バーチャル物体が樽型をしていると、実際には円柱の側面をなぞっているのに、それが樽型であると錯覚する、という現象も知られている。紡錘形にへこんだバーチャル物体を提示すれば、側面がへこんでいると錯覚する。

　このような疑似力覚は、アクチュエータを一切用いずに、深部感覚に訴えるということができるという利点がある。表現しようとするバーチャル物体が、手に持っている実物体と近いものでなければならないという制約があるため、実用面ではあまり大きな可能性はないが、興味深い研究テーマである。

3-9 パッシブ・ハプティックス

アクチュエータを用いないもう一つの深部感覚提示手法が「パッシブ・ハプティックス」である。先駆的な例としては、前述の米国ノースカロライナ大学チャペルヒル校において研究された、机や床等の単純な面に限定して、加工が簡単な実物の材料を用いて面を模擬するという手法がある [3-16]。例えば、バーチャル空間に机がある場合は、その位置に発砲スチロール製の直方体を置くわけである。部屋の中を探索するような用途には、これだけでも効果が期待できる。

最も代表的なパッシブ・ハプティックスの例は、床に深い穴が空いたバーチャル空間を体験するものである。実空間では床の上に4cm程度の厚さの板がしいてあるだけだが、HMDには5mくらいに下方に地下室が見える立体映像が提示されている。床の縁までくると、板の厚みで、つま先の下には床がないような感覚を得る。実際にこれを体験すると、本当に地下室に落ちそうな気がする。

彼らの研究グループでは、VRシステムの提供する臨場感を、生理指標を用いて評価を行っていた。測定しているのは、心拍とGSRであり、計測システムはウェストポーチに格納されており、披験者はそれを着用して、前述のVR空間を体験する。その結果、板を置いた実験空間の方が、心拍もGSRも有意な差があることが確認されている。この効果は、高所体験をテーマにしたアプリケーションにおいて非常に有効である。

3－10　ハプティックスとアフォーダンス

　アフォーダンスというキーワードは、インタラクションの領域において重要な研究課題である。この概念を提案した J.J.Gibson は人間の知覚と行為に関する膨大な考察を行っており、それを集大成したとも言えるものがアフォーダンス理論である [3-17]。したがって、この言葉の意味を簡潔に説明するのは容易ではない。しかしながら、工学的な観点からアフォーダンス理論の持つ意義を考察すると、次の2つの側面が重要である。

　まず第一に、「アフォーダンスは環境の中に埋め込まれている」という指摘を Gibson はしているが、それは人間がインタラクションを行う対象としての人工物の設計指針として位置付けることができる。アフォーダンスとは環境の中に存在し、動物にとってある種の価値を与える情報である。動物は自然界を探索することによって無限のアフォーダンスを引き出している。人間が人工物と接する場合にも価値のある情報を探索によって引き出せなければならない。人間が使う物は、様々な道具、電気製品、建物、コンピュータシステムと非常に多岐にわたるが、それらの人工物は人間がそれを使ってどのような行為ができるのかがわかるようにデザインされなければならない。道具が人間の知覚と行為にどのような変化をもたらすかということを十分観察した上でそれらの設計を行えば、真に使いやすい物を作ることができるはずである。このことはインタラクションの設計論として極めて重要な指摘をしており、このテーマに関連した研究論文も数多く発表されるようになっている。

　アフォーダンス理論の指摘するもう一つの側面は、人間の知覚は自らの体の能動的な動きに対する感覚入力の変化によってもたらされるということである。動物はじっとしていて外界を知覚した後で行動を起こすということはしない。常に自分の動きによって知覚過程が変化するという性質を使って探索を行うわけである。未知の物体を見るときに人は周囲を動き回るが、体の動きに対する見えの変化が知覚の本質である。物に触れるという感覚は体の動きがなければ発生しないので、この性質はさらに顕著である。自然界では体の動きによる知覚の変化は非常に複雑

であり、それゆえに膨大なアフォーダンスを抽出することが可能になる。従来のコンピュータのインタフェースにおいては、この点は軽視されていると言わざるをえない。PC のモニタは体の動きに対して見えの変化を起こさないし、ボタンを押すという動作は単純過ぎて体の動きと知覚の変化を対応させることが困難である。特に触覚によるアフォーダンスは皆無といってもよい。HMD は自身の体の動きに対応して見えが変化するという点で、コンピュータのインタフェースを大きく改善することが期待されている。ハプティック・インタフェースも、アフォーダンスという観点から人とコンピュータのインタラクションを画期的に変えるポテンシャルをもっていると言える。

第4章

ロコモーション・インタフェース

4－1　なぜ歩行移動か

　前章で述べたハプティック・インタフェースが力覚を提示する対象は手や指先であったが、この技術の発展形態として足や体全体に対する力覚提示が考えられる。歩行移動の現実感を生成する上で、足に対する力覚提示は不可欠である。

　近年 HMD が普及するに伴い、バーチャル空間内における有効な移動手段に対する要求が高まりつつある。人間にとって最も生得的な移動手段は足で歩くことである。人間が自分の周囲の空間を認識する場合に、歩いて移動するという行為は極めて重要な意味を持つ。観光地に行ったときに、バスに乗って見せられたものと自分の足で見つけたものの印象が大きく異なるのは、誰もが持つ経験であろう。歩いたり走ったりすれば地面から抗力や衝撃を受ける。そして、自身の歩行運動に伴って視野全体の見えが変化する。この現象は人間の生活シーンでは当たり前に発生するが、通常の VR システムにおいてはほとんど実現されていないのが実状である。

　ロコモーション・インタフェースとは物理的には存在しない空間を歩行する際に、脚の運動感覚を与える装置のことを意味する。そのような装置を実現するためには、以下の2つの機能が必要である。

(1) 移動の打ち消し

　VR 空間において好きなだけ歩き続けるためには、実空間における歩行者の位置を固定したままで歩行感覚が得られる機能を備えなければならない。このような機能を実現するためには、歩行者が床を蹴って歩くときに、前に進む動きを打ち消す仕掛けが必要になる。最も簡単な実現方法は健康機等で使われるトレッドミルやステッパーマシンである。歩行者の動作を認識し、進んだ分だけトレッドミルのベルトを引き戻せば無限に歩き続けることができる。

(2) 方向の変換

　一方、ロコモーション・インタフェースが備えるべきもう一つの機能として、方向の変換がある。好きな方向に行けるのでなければ探索することはできない。移動の打ち消しと方向の変換をどうやって同時に実現

するかという問題がこの技術の出発点である。本章では、この課題をどのようにして解決したかについて、試行錯誤の過程を紹介する。

4－2　ロコモーション・インタフェースの設計指針と実装形態の分類

ロコモーション・インタフェースを実装する上で設計の指針となる点は、以下の３つである。

(1) 移動の打ち消し方式

ロコモーション・インタフェースにおける移動の打ち消し方式としては、歩行者が自ら滑り運動を行う「パッシブ式」と、外部からの動力で打ち消し運動を加える「アクティブ式」に大別することができる。パッシブ式は装置が簡単に実現でき、アクチュエータを用いないために安全性が高いため、製品も出始めている。しかし、歩行者が自分で滑り運動をしなければならないところに実際の歩行運動との差異がある。後者の場合は、原理的には歩行者は自然な歩行動作が可能になるが、装置の実現とその制御に技術的課題が多い。

アクティブ式の典型的な実現方法は、トレッドミルのベルトを足の動きに合わせて逆方向に動かすものである。ユタ大学のグループが開発を続けてきた"TreadPort"と呼ばれるものは、大型のトレッドミルを用い、歩行者の腰部を前後に押す長い直動アクチュエータを使用する。この直動アクチュエータはテザーと呼ばれ、加減速時の慣性力や坂を上り下りするときの重力の一部を与える[4-1]。また、ATRではかつて"ATLAS"というトレッドミルが開発されたことがあり、これはベルト機構の下に３軸の揺動装置を付け、坂道や旋回動作を模擬することをねらっていた[4-2]。

(2) 方向変換の方式

ロコモーション・インタフェースを実現する上で最も困難なものが、歩行者の方向変換にどう対応するかである。移動方向の変換方式は３つに分類することができる。第一の方法は足による方向変換を行わず手のジェスチャやハンドコントローラーを用いて方向を変えるものである。ゲームの世界ではこれが一般的であり、その実現は非常に簡単である。前述のノースカロライナ大学チャペルヒル校ではバーチャル空間をウォークスルーするためのインタフェースとして自走式のトレッドミルを用いた[4-3]。これは、健康機のトレッドミルにエンコーダーを付け回転を

計測し、自転車のハンドルで方向変換を行うというものであった。しかし、足で前進し手で方向を変えるという行為自体不自然なため、操作性が悪く実用性は低い。ゲームのようにインタラクションがコントローラーに限定された世界では移動もコントローラーでできるが、VRの高度なアプリケーションにおいては、手は対象物を操作するという本来の仕事に使うべきである。

　第二の方法として、足で少しずつ進行方向を変えるというものがある。前進を続けながら徐々に方向を変えるのであれば、通常のトレッドミルに若干の工夫を加えれば可能である。方向を変えるときには左右の足の進行方向はそれぞれ異なるため、原理的には一つのベルトでは対応できない。しかし、方向変換の角度が小さければ、横滑りでごまかすことが可能である。例えば、前述のユタ大学のTreadPortはベルトの幅が広いため、左右に10度程度進行方向を変えることができる。無論移動の打ち消し方向と進行方向はその角度だけずれることになるが、10度程度であれば大きな問題ではない。

　第三の方法は任意の方向変換を許すものである。その場で振り返って逆の方向に戻るという動きを人間は自然に行うが、そのような方向変換にも対応しようとするものである。人間の方向感覚は自身の体の回転による前庭覚刺激が重要な役割を果たすので、旋回動作は実空間と同じようにできなければならない。

(3) 歩行者の支持方式

　ロコモーション・インタフェースは人間が立って歩く動作を対象にするため、足の下を何らかの方法で支えることが不可欠である。そして、前述の引き戻しを行うためには、歩行者を支えながら歩行運動と逆方向に床が動かなければならない。その実現方法は大きく2つに分けることができる。第一の手法は歩行者が歩く領域全体を一つの可動面で提供する「連続面型」である。この方式の最も簡単なものは普通のトレッドミルである。第二の方法は歩行者の足の下にだけ別々に小さな可動面を用意する「部分面型」である。最も単純なものは健康器にもちいられるステッパーマシンである。ステッパーマシンでは動作が固定されるが、ア

クチュエータによって歩行者の足の位置を追従するようにすれば、原理的には無限に広がる床を作ることができる。

連続面型の長所は可動面の範囲内であればどのような歩行動作も自由にできることであり、短所は装置が巨大になることと凹凸面の提示が困難なことである。部分面型はこの逆で、装置は比較的小型で凹凸面の提示もやりやすいが、床面が足を追従する精度と速度に限界があるため、足の動かし方に制約があるのが欠点である。

ロコモーション・インタフェースを運用する場合、歩行者の転倒の危険があるため、転倒時に備えて歩行者の体を支持する手段を考慮しなければならない。最も確実なのは高所作用に用いるような全体重を支えることができるハーネスであるが、これは歩行者の身体の拘束が強く脱着の手間が煩雑である。実用性の高い歩行者の支持方法は、歩行者自身が何かに掴まれるようにすることである。後述する円環状のフレームはその典型例である。

筆者は1988年よりこれらの課題に対する研究に着手し、様々な可能性を追求してきた。その結果を踏まえ、全方向の歩行移動を可能にする手法を網羅的に紹介する。これらの手法は大きく4つのタイプに分類することができる。

[タイプ1] 靴の底に床との相対運動を起こす仕組みを備えるもの
[タイプ2] トレッドミルを数珠つなぎにして、全方向に動く床を作るもの
[タイプ3] 歩行者の両足の下に、それに追従する可動床を提供するもの
[タイプ4] 全方向に動く可動タイルを複数枚用意し、その循環によって無限に続く床を構成するもの

次項以降に、それぞれのタイプの設計思想と実用上の課題を紹介する。

4-3 Virtual Perambulator

　Virtual Perambulator は筆者が筑波大学に研究室を構えて間もない 1989 年に研究を開始したロコモーション・インタフェース第一号である [4-4]。これは前項の［タイプ 1］に分類される。当時の初期のものは、歩行者の体をパラシュート状のハーネスで固定し、キャスターを裏に取り付けた特殊なローラースケートを履くものであった（図 4-1）。ローラースケートに白いマークを付け画像処理によってその位置を追跡した。足の動きに合わせて HMD に表示されるバーチャル空間の映像を後ろに移動させることによって、歩いて前進する感覚が得られるようにした。また、方向を変えるときは、足を横に踏み出したときの角度を測って映像を回転させた。

　Virtual Perambulator はその後改良を続け、ハーネスを体への拘束が強いパラシュート状のものではなく、ジェットコースターで用いられるような肩の部分で体を固定するものに代えた。階段の昇降感覚を作るため

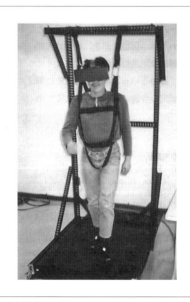

〔図 4-1〕Virtual Perambulator 初号機（1989 年）

に、両足をワイヤーで引っ張る機構も付加した（図 4-2）。しかし、この装置は足を引き上げたときの安定性確保に問題があり、成功しなかった。

Virtual Perambulator の最終段階ではハーネスを廃し、円形のフレームの中を自由に旋回できるようにした。ローラースケートのかわりに低摩擦のフィルムを底に貼ったサンダルを採用し、軽量化と安定性の向上を実現した。歩行者はこの円形フレームの中で自由に方向を変えることができ、バーチャル空間内を進むときはフレームを手で掴むか体を押し当てて、足の滑り運動を起こす。人間が空間の認識を行う際に自分の足で体の向きを変えて見えの変化を得るということは非常に重要である。自分の足で体を回転させることによって発生する体性感覚と前庭覚刺激が、人間の空間知覚において不可欠なものであることは、様々なデータが示している。Virtual Perambulator では円形フレームの中で実空間と同じように方向変換を行うことによって、自然な前庭覚刺激と深部感覚刺激を得ることができる。［タイプ1］のロコモーション・インタフェース

〔図 4-2〕改良版 Virtual Perambulator（1992 年）

としてはこれがほぼ完成形であるといえる。

　筆者は、Virtual Perambulator を船舶技術研究所（現・海洋安全研究所）と共同で、VR 技術を用いた避難シミュレータに応用した [4-5]。船舶においては、タイタニック号やエストニア号などの浸水沈没事故に代表されるように、歴史的に数多くの人命が失われており、安全基準の策定が進められている。災害における犠牲者を減らすためには、効果的な避難誘導方法が不可欠であり、その実現には避難者の心理や行動特性を熟知することが必要である。避難時の人間の特性を調べるためには、対象とする状況と酷似した環境を設定し、被験者実験を行うことが最も有効であるが、これを実世界で行うことは危険が伴い実施困難である。そのため、バーチャル空間で災害を表示し、歩行移動によって避難を行うことが不可欠である。実際の客船内部の CG 映像を HMD に表示し、火災時の煙や、避難中の群衆なども再現した。さらに、船の傾斜を表現するための揺動機構も備えていた（図 4-3）。

〔図 4-3〕避難シミュレータに応用された最終型 Virtual Perambulator（1994 年）

4－4　トーラストレッドミル

　Virtual Perambulator に代表される［タイプ1］の方式の限界は、自分で引き戻し動作を意識して行わないといけないことである。歩行面に傾斜を付けて重力ベクトルの一部を用いて引き戻す力を加えることは可能であるが、それでも自然な歩行動作とは差異がある。
　この問題を解決するために、筆者が 1997 年に開発したのが全方向に無限に続く床を作り出し、それをアクチュエータで駆動し歩行者の動作に合わせて移動の打ち消し操作を加える方式である。これが 4-2 で述べた［タイプ2］に分類される、トーラストレッドミルである [4-6]。
　無限に全方向に続く床を実装するのは困難が伴うため、床全体を動かすのではなく、小さなボールやコロやネジなどの転動体を床に敷き詰めて、それらの回転で歩行者の移動の打ち消しを行うということが試みられたこともあった。トーラストレッドミルと同時期に、米国では Omni Directional Treadmill と呼ばれる、ベルトに小さなコロを編み込んで、ベルトの進行方向と直行する方向にも歩行者を運ぶ機能を実現したものが作られた [4-7]。歩兵の訓練シミュレータとして使うことを目指して開発されたものであるが、編み込んだコロが大きな振動と騒音を発生し、耐久性にも問題があったため、開発は中止された。今日では、搬送機に使われるベルトコンベアの中には、小さなボールをコンベアの表面に敷き詰め、貨物をベルトの進行方向と直行する方向に移動させる機能を持つものが実用化されている。しかし、このような転動体を用いるものは、靴底と床が点接触しかしないことが実世界と異なっている。実世界では靴底と床は面で接触し十分な摩擦力が発生するため、安定して歩行することができる。仮に点接触で十分な引き戻し力が発揮できたとしても、歩行者が膝や手を歩行面についたときに、転動体に噛まれるという危険がある。このように、転動体を用いる手法には、実用面でも大きな欠点がある。
　靴底と床を面接触させるためには、全方向に無限に続く床を作る必要があるが、それを行う場合の問題はその機構的な実現方法である。理想的な無限平面は歩行者の乗る部分が平面になっている閉曲面を用いるこ

とである。そのような閉曲面を歩行者の運動に合わせて駆動すれば、実空間では体が動くことなしに歩行運動をすることができる。この場合どのような閉曲面を用いればよいかということが、設計の出発点になる。位相幾何学的には閉曲面は n 個の穴を持つドーナッツとして定義される。閉曲面を駆動することを考えると、現実的に意味を持つのは穴が 0 個か 1 個のものである。0 個のものは球であり、1 個のものはトーラスである。

まず球の場合を考えると、最大の問題は歩行者が乗る部分が平面にしにくいことである。閉曲面の表面は伸縮させることはできないので、平面に近づけるためには直径を非常に大きなものにしなければならず、設置性が悪い。一方、球の中に人が入って歩くというやり方もありうる。実際、そのような特許が出されたり、製品が作られたこともあった。球体をボールジョイントで支えれば全方向の無限の床を作ることができる。歩行者が歩くと床が斜面になるので、体重の一部が球体を回転させる力になり、歩行者を球体の最下部に引き戻されることになる。しかし、この方式の最大の欠点は球体の慣性質量が大きいことであり、一旦歩き始めると歩行をやめても球体は回り続け大変危険である。球体を支えるボールジョイントに駆動力を与えて制御をかけることも可能ではあるが、点接触の摩擦駆動になるため、球体に十分な制御力を与えることができない。そして、現実的な問題として、球体で実世界と隔絶されるために、歩行者の動作の検出方法や映像の提示方法に制約があり、球体内への出入りも容易ではない。

歩行する閉曲面にトーラスを用いる場合にはこれらの問題を回避することができる。トーラスはベルトの集合で作ることができるので、歩行者が立つ部分は完全に平面にすることができる。各ベルトにはトレッドミルと同様に十分な駆動力を与えることができる。そして、それらの駆動機構はすべて床下に収納することができる。したがって、ロコモーション・インタフェースとして必要十分な閉曲面はトーラスであるという結論を得ることができる。「トーラストレッドミル」という名前はこれに由来している。この装置の各小ベルトは X 方向の移動を打ち消し、

小ベルトの集合体が直交する方向に回転することによってY方向の移動を打ち消す(図4-4、図4-5)。

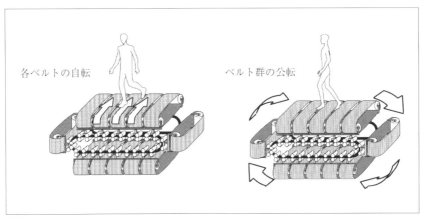

〔図4-4〕トーラストレッドミルの原理

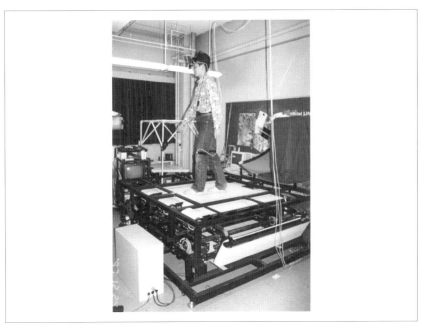

〔図4-5〕トーラストレッドミル初号機(1997年)

➡第4章 ロコモーション・インタフェース

　しかし、トーラストレッドミルを実装する際には様々な技術的課題が存在する。まず、閉曲面は2方向に無限に動くため、その駆動機構には工夫が必要である。また、設計の前提条件として、歩行者と各種の機器は閉曲面の外に存在しなければならない。なぜなら、これらの閉曲面は無限に回転しなければならないので、もしその中に何らかの機器を入れるとなると、それらはエネルギーも信号も無線で送らなければならないことになるからである。これらの問題を解決する設計としては、トーラスの構成する小ベルトにそれぞれモータを付け、さらにそれら全体を別のモータで回転させるという方法が最も確実である。この場合分割した小ベルトの隙間をいかに埋めるかという問題が発生するが、それは小ベルトの駆動機構を交互に取り付けることによって解決できる（図4-6）。1997年に試作したトーラストレッドミルの各ベルトはACモータで駆動され、ベルト面は最大1.2m/secで回転する。これらのベルトは2本のレールに乗って動き、4本のチェーンによって駆動力が与えられる。この

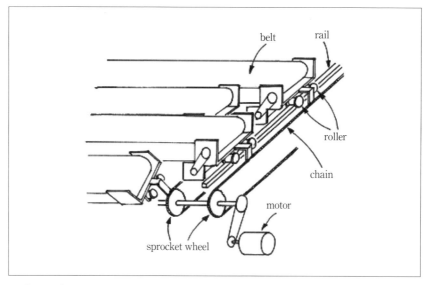

〔図4-6〕トーラストレッドミルの駆動機構
　　　　（ベルトの隙間を埋めるために、小ベルトのモータを交互に配置）

チェーンも AC モータで駆動され最大 1.2m/sec で回転する。各 AC モータはインバーターで制御される。可動床面の広さは 1m 四方である。

　歩行者の移動を違和感なく打ち消すためには、床の制御を適切に行うことが不可欠である。床の動きが不適切だと転倒等の危険に直結する。この問題を解決するために、可動床の中央に円形の不感領域を設け、歩行者がこの中にいるときは床を動かさず、そこから出たときは中心からの変移量に比例した速度で床を逆方向に動かすという手法を導入した（図 4-7）。不感領域があると中央で体を回転させる動作に対しては床が動かないため、チャタリングを除去することができる。この制御アルゴリズムは、初めてこの装置を体験する人に対しても有効に機能している。ロコモーション・インタフェースでは、歩行者の体をハーネスで吊るすことが一般的であるが、トーラストレッドミルではそのようなハーネスを使わなくても十分な安全性を確保している。まて、この不感領域を用いた制御アルゴリズムは床を動かす手法として一般的に有効であり、後述するロボットタイルでも用いている。

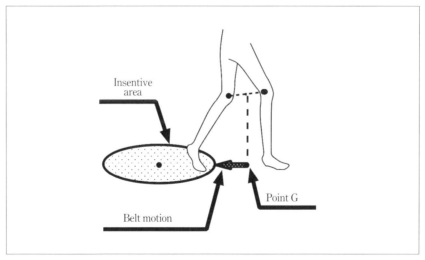

〔図 4-7〕不感領域を用いた駆動アルゴリズム

4−5　GaitMaster

　トーラストレッドミルの原理的な問題点は凹凸面の提示が困難なことである。連続面型のロコモーション・インタフェースに凹凸面を模擬するハードウェアを備えようとする、ベルトの下に膨大なアクチュエータが必要になり、特に全方向無限平面の場合は電源や信号線の接続が極めて困難になる。したがって、凹凸面の提示が不可欠なアプリケーションには部分面型のロコモーション・インタフェースを用いるのが適切である。筆者はそのための装置として任意の凹凸面を模擬する"GaitMaster"（ゲイトマスター）と名づけたロコモーション・インタフェースを開発した[4-8]。これは 4-2 で分類した［タイプ 3］である。

　人間の足の運動を打ち消す操作を与えるためには、原理的には両足の下に小さな動く床を作り、足の位置をセンサーで測定して足がバーチャル空間の床に着地したときだけ床が存在するようにすればよい。それが前述の分類における部分面型である。そのような床が実現されれば、左右の床の高さが変えられるため、平面だけでなく凹凸面の提示も容易である。問題はどのような機構で足の下の床を動かすかである。これを通常の機械部品を用いて実現する場合には、多関節型のマニピュレータによって支えられるフットパッドの上にそれぞれの足を載せるという形態をとることになる。

　マニピュレータが 6 自由度を有する場合、原理的には任意の凹凸面が表現できることになるが、人間が歩く方向を自由に変える動作にいかに追従するかが重要な課題となる。これはマニピュレータの可動範囲がいかに大きくても、人が体を回転させれば 2 本のマニピュレータが互いに干渉してしまうためである。これは地面から生えた 2 本の支柱が足を支えている状況において、人が体を自由に回転させると支柱同士がからまってしまう、という現象を想像すれば容易に理解できる。この問題に対する根本的な解決方法は、2 本のマニピュレータの根元を回転する台に固定し、その台を人の体の回転に合わせて回すことである。したがって、2 台の 6 自由度マニピュレータがターンテーブルの上に乗ったものが GaitMaster の一般的形態になる（図 4-8）。

マニピュレータの各自由度の役割は次のようになる。XY両軸方向の並進は足の水平面内の前後の動きを打ち消すために使われる。ヨー軸回りの回転は歩行方向を変えたときにフットパッドが足の位置を追従する際に必要である。これらの3つの自由度があれば、水平面における全方向移動の打ち消しが可能になり、トーラストレッドミルと同等の機能を果たすことになる。Z軸方向の並進は上下の移動を打ち消すために使われる。ロール軸回りの回転とピッチ軸回りの回転は傾いたVR空間の床を表現するために使われる。前述のように、体の回転運動は実空間と同じように行わせ、並進運動だけを打ち消すというのが基本的な機能である。

①並進移動と昇降移動の打ち消し

　GaitMasterの駆動アルゴリズムは体の中心がターンテーブルの回転軸

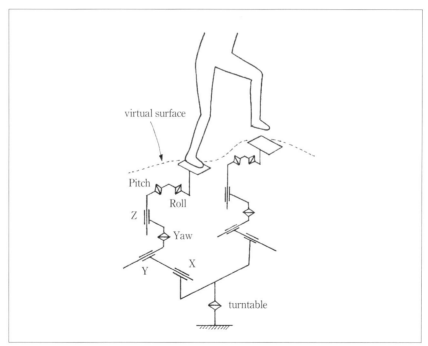

〔図4-8〕GaitMasterの基本構造

に一致させるような操作を加えることになる。その基本原理は、後ろ側の足を前進させる過程において、その前進量だけ、前側の足を後退させるということになる。床が平面の場合に足の動作に対するフットパッドの動きは次のようになる（図4-9）。

(1) まず歩行者が右足を前に踏み出したとする。
(2) このとき、右側のフットパッドは足の直下を追従し歩行者が足を地面に下ろす動作に備える。
(3) 右足が着地し、左足を前に踏み出す動作が始まると右足を載せたフットパッドは後退を始める。
(4) 右足の後退量は左足の前進量に等しい。このとき、左足用のフットパッドは足の直下を追従し左足の着地に備える。

この動きが連続することによって、平面における定常状態の歩行ではトレッドミルと同じ効果を得ることになる。

凹凸のある地面を上り下りする場合も、移動の打ち消しの原理は同じで前述の前後の動きに上下動が加わることになる。段差を上る場合の足の動作に対するフットパッドの動きは次のようになる（図4-10）。

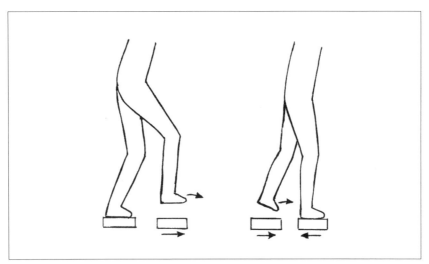

〔図4-9〕前進移動の打ち消し

(1) まず歩行者が右足を上げて段差を上ろうとしたとする。
(2) このとき、右側のフットパッドは足の直下を追従しながら前進上昇する。
(3) 右足が着地し、左足を前に踏み出す動作が始まると右足を載せたフットパッドは後退下降を始める。
(4) 右足の後退下降量は左足の前進上昇量に等しい。このとき、左足用のフットパッドは足の直下を追従し左足の着地に備える。

　フットパッドのこの一連の動きは、下ってくるエスカレータを上る動作に類似している。ただし、GaitMasterがエスカレータの逆行と異なる点は、後側の足が地面を離れるまで前側のフットパッドは下降を始めないことである。したがって、体重が後側の足から前側の足に移動する過程において重心は実空間で上昇する。この間、前側の足は体重を持ち上げる筋力を発生させ、上体はその力によって上方に移動する。この自分の足の運動によって体が上昇する現象によって歩行者は段差を昇る運動

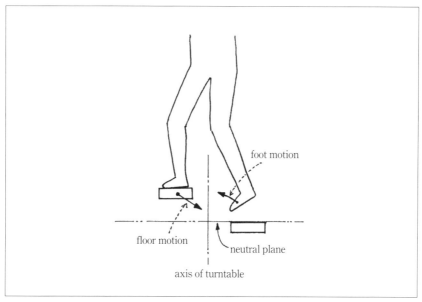

〔図 4-10〕上昇移動の打ち消し

感覚を得る訳である。後側の足が地面を離れると、前側の足は下降を始め中立面に戻るため、重心は元の高さに戻り、足の運動が作り出したポテンシャルは歩行動作の後半において GaitMaster に奪われることになる。

　段差を下る場合は、昇る場合と上下動の方向が逆になる。下る場合も後側の足が地面を離れるまで前側のフットパッドは上昇を始めないため、重心は実空間で下降する下りの場合には、段差の幅だけ実際に体が落下するため心理的な効果が高い。

　上記の駆動アルゴリズムにおいては、バーチャル空間の段差がなくなったときには、フットパッドは常に最初の位置に戻るようになっている。さもないと、次にくる段差に対応できないからである。この原理によって GaitMaster は無限に続く凹凸面を上り下りする動作をシミュレートできる。

②方向変換の追従

　GaitMaster の駆動アルゴリズムにおいて重要なのは、方向変換に伴う体の回転動作を実空間と同じように行わせることである。これはターンテーブルをどのように回転させるかという問題に対応する。ターンテーブルは、両足を支えるマニピュレータの基部が常に体の正中面に対して左右に分かれるように回転を行う必要がある。胴体に位置センサーを付けてターンテーブルが常に体の向きに合わせるように回転するというのが最も単純な方法に思えるが、これだと足を動かさずに上体だけひねるような動作をしたときに、足元が不自然な動きをすることになる。したがって、足を動かして体を旋回させる動作に対してのみ追従する必要がある。すなわち、ターンテーブルは歩行方向の変化に追従して回転しなければいけないのである。歩行方向を知るためには両足の方向をセンサーで計測して、それらの値から体の進行方向を推測するということをやればよい。もっともターンテーブルが回転するのは2つのマニピュレータがからまらないようにするためなので、必ずしも厳密に進行方向に一致する必要はない。したがって、両足のヨー角の中間値をとるように回せば十分である。

前述のような概念で構成されるGaitMasterの技術実証プロトタイプの試作を行った（図4-11）。両足を支えるマニピュレータの実装方法は様々なものが考えられるが、本システムでは後述する4軸のものを採用した。まず前提として、全方向歩行と段差の表現がGaitMasterの最大の特徴なので、バーチャルな床は水平面の集合でできているものとした。通常の建物ならば平らな床と階段でできているのでそれで十分である。その前提に基づくと、ロール軸回りとピッチ軸回りの回転の自由度は省略できる。

　人間の体重をすべて支えるという大きなペイロードを実現するため、XYZの各並進自由度は3つの直動アクチュエータのパラレル構造にした。合計の推力は150kg程度ある。各アクチュエータの伸縮長は

〔図4-11〕GaitMaster 初号機（1999年）

120mmであり、フットパッドの可動範囲は前後に320mm、上に120mm、下に80mmである。フットパッドの姿勢についての拘束を行うために、XYZ方向のリニアガイドを付けている。足を載せるフットパッドの上にはヨー軸回りの回転を行う小型のターンテーブルを載せた。ヨー軸回りの回転は方向変換のときだけ必要なので、ばねで元の方向に戻るようなパッシブなアクチュエーションを行っている。

　両足を支えるマニピュレータは円形ターンテーブルの上に固定している。ターンテーブルの駆動にはNSKのメガトルクモーターというDDモータを使用した。これは装置全体を毎秒2回転させるトルクを発生する。足の位置を計測するため、各プラットフォームからの偏差を円筒座標で計測する3軸のゴニオメータを足に付けている。このゴニオメータはプラットフォームに対する爪先の前後と上下の変異、およびヨー軸回りの回転角を計測する。

　この試作機では歩行者がバランスを取りやすいようにセフティフレームをターンテーブルに固定している。

　GaitMasterのような部分面型のロコモーション・インタフェースの構造的問題として、可動床が足を正確に追跡することに限界があり、現実問題として、足元を見ながら床の可動範囲と応答速度を意識しながら歩く必要が生じる。

　一方、GaitMasterは歩行動作を装置が補助することが可能である。足をトッププレートに固定すれば、歩行に障害のある人でも歩行動作を行うことが可能である。理想的な歩行軌跡をGaitMasterが与えることによって、機能回復の効果が得られる。歩行リハビリテーションへの応用に特化すれば方向変換の機能は省略できるので、シンプルな機構で実装することができる（図4-12）。このような歩行リハビリテーションへの応用は筑波記念病院で臨床的に進められている [4-9]。

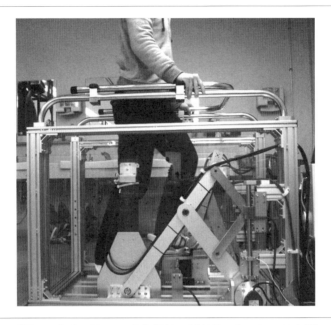

〔図 4-12〕GaitMaster の歩行リハビリテーションへの応用

4－6　ロボットタイル

　ロボットタイルはトーラストレッドミルと Gait Master の双方の長所を取り入れた、最も新しい方式である。この方式は、全方向に移動可能な床を数個集めて歩行者がいる場所の周辺に歩行面を作り、歩行者の移動にしたがって逆に動き、歩行者が乗っていない床が順方向に動いて、新たに歩行者が乗る床を提供するというものである [4-10]。4.2 で分類した［タイプ4］である。この方式の発想の原点は、連続面型の代表例であるトーラストレッドミルの装置が非常に巨大で、十分な可動範囲を実現するものは、筆者の実験室には入りきらないという問題にあった。数珠繋ぎにしたベルトコンベアの分解組み立てが困難であるため、搬入搬出も容易ではない。この問題は、この装置が一般に普及する妨げにもなる。可動床がベルトコンベアのように物理的につながっているものでなく、初めはバラバラになっているものが、歩行状況に合わせて適切に組み合わさるというものであれば、装置をスケーラブルに拡大することができる。さらに、各可動床に昇降機構を装備すれば、凹凸面の生成に拡張することができる点も、スケーラブルである。このような可動床群を実装するためには、全方向移動機構、多点位置計測技術、無線通信技術などに、高度なものが要求されるが、ポテンシャルは前述の2方式に比べてはるかに高い。以下に、このような循環面型ロコモーション・インタフェースの設計手法を紹介し、その課題と可能性について説明する。

　可動床群による循環型歩行面を構成するためには、各可動床の形状と、必要な可動床の総数を決定する必要がある。歩行面は合同な図形が隙間なく集まって構成されるので、各可動床が多角形であるとすると、それが可能な形状は正三角形、正方形、正六角形である。その中でどれが望ましいかを考えるうえで重要な観点は、歩行者はどこで立ち止まって方向を変えるかわからないということである。各可動床の常に中央に歩行者がいれば問題は簡単であるが、縁の部分を歩くことも当然ありうる。したがって、各可動床の頂点の部分に立った場合でも、その周辺に床を提供する必要がある。このような状況において必要となる可動床の数は、正三角形の場合は6つであり、正方形と正六角形の場合は3つである。

歩行者が可動床の集合体の縁の頂点に近づいたときは、その頂点の周辺に可動床を集めて歩行面を提供しなければならない。したがって、頂点の周囲をなるべく少ない可動床で敷き詰められる形状が望ましいことになる。その観点において正三角形は不利である。

次に正方形と正六角形を比較すると、正六角形を敷き詰めて平面を構成する方式は一通りしかないが、正方形の場合は2つの正方形の頂点を合わせた位置が、必ずしももう一つの正方形の辺の中央になくてもよいので、組み合わせに自由度が高い。これは歩行者の進行方向に応じて、可動床の集合体の構成を選べるという点において有利である。以上のような考察に基づいて、可動床の形状は正方形が最適であることがわかる（図 4-13）。

次に、歩行面を構成するのに必要な可動床の最小数を考える。歩行者が立つのに必要な可動床の数は前述のように3である。歩行者が移動した場合に新しい床を提供するためには、歩行者が行き去って用がなくな

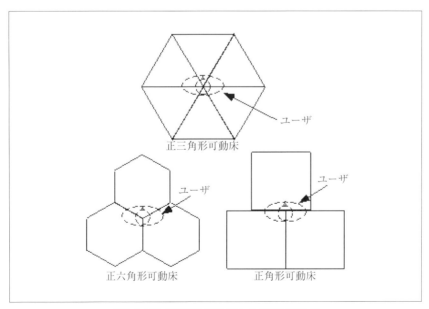

〔図 4-13〕可動床の形状と歩行面の形成

った可動床が、歩行者の進行方向に動いて、新たな床面作る必要がある。それに必要な可動床の数は、可動床が動く速さとトレードオフの関係にある。可動床の最大速度が歩行者に比べて十分速ければ、前述の3個でも可能である。歩行者が頂点に位置から移動すれば、足が乗っていない可動床ができるので、それが歩行者の進行方向に移動することができる。ただし、それを実現するためには、歩行者の移動速度の数倍の速度が必要であるため、歩行者が走ったりする場合までも考えると、全歩行可動床に要求されるスペックは非常に高くなる。したがって、可動床の数は多いほどそれらの循環には余裕ができるが、その分システムとしてのコストと設置面積は増大する。

　以上の考察に基づいてロボットタイルの初歩的な実装例として以下のプロトタイプシステムを試作した（図4-14）。このシステムは、ユーザの足および可動床の位置を計測するための位置センサー、可動床4台、これらを制御する計算機からなる。位置センサーは、床4台とユーザの両足の計6ch同時に非接触で計測可能な超音波センサーを用いた。また、歩行者の足の位置は、レーザーレンジセンサー（SICK社のLMS200）を用いて、非接触で計測している。

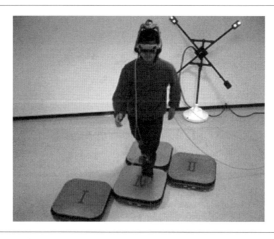

〔図4-14〕ロボットタイル初号機（2004年）

可動床は人間の全体重を乗せたまま全方向に移動可能でなるべく厚みがないものが望ましい。そこで東工大（当時）の広瀬茂男教授のグループが開発したVmax Carrier（以下Vmax）を4台使用した。Vmaxは約60cm四方、厚さ9cmで可搬重量は130kgfである。各々4つの駆動綸の回転速度を制御することで、前後左右移動、鉛直軸まわりの回転が可能である。Vmaxは任意の軌道を移動できるようバッテリー駆動で、制御用計算機から無線で各モータの目標速度を与えた。

　上記プロトタイプシステムを用いた可動床の循環方式は、さまざまな方式が考えられる。ここでは常に3つの床がユーザの歩行動作を打ち消し、残りの一枚がユーザの動きを先読みして新しい床を作るという方針で考えた動作パターンを紹介する。可動床の配置に異方性があるため、床の辺と平行な場合と対角方向の場合に分けて説明する。

　なお、ユーザの歩行動作検出は以下のように行う。ユーザの両足の位置の中点の真上に、体の重心が位置すると仮定し、重心が歩行領域の中心に設けた不感領域の外に出たときに、歩行していると判断する。不感領域は誤動作や微小変位による振動を防ぎ、確実に体全体の動きを検出するために設けた。可動床は歩行者が常に不感領域の中にいるように引き戻し操作を加える。

　可動床の循環は次のようにして行う。まず、歩行者は前進する場合、すなわちユーザが前進を始めるとする。このとき各可動床は次のように動く（図4-15）。

(1) ユーザの歩行動作を打ち消すように、可動床IおよびIIが進行方向と逆方向に動く。それと同時に可動床IIIが可動床Iの前に移動を開始する。ユーザの重心が可動床IIの上から外れ、可動床Iの上に完全に移ったら、可動床IIは右側に移動する。

(2) 可動床IおよびIIIはユーザの進行方向と逆に移動する。それと同時に可動床IVが可動床IIIの前に移動を開始する。ユーザの重心が可動床IIIの上に移ったら、可動床Iは左側に移動する。

(3) 以上の動作をユーザの動きに合わせて繰り返す。

歩行者が進行方向を変えた場合には、その方向に床が待ち受けるような

循環を行う。

　以上は、定常的に同じ方向に歩行している場合のアルゴリズムであるが、歩行方向が途中で変わった場合は、進行方向に床面が常に存在するよう、ユーザが足を乗せていない床が移動することになる（図4-16）。ここで示した可動床の循環方式は一つの解に過ぎず、最適アルゴリズムについては今後の研究課題といえる。

　このプロトタイプシステムは、ロサンゼルスにて開催された

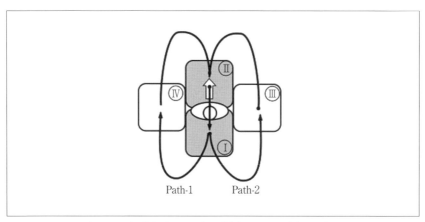

〔図4-15〕歩行者の前進に対応した可動床の循環

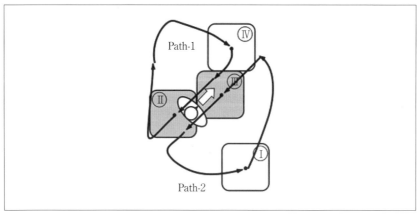

〔図4-16〕歩行者の方向変換に対応した可動床の循環

SIGGRAPH 2004 において、一般来場者を対象にデモを行った (図 4-17)。この試作システムは当初 "Circula Floor" という名前で発表したが、SIGGRAPH をはじめとする体験者に「ロボットタイル」と呼ばれて親しまれたため、以後この名前で呼んでいる。

　体験者はすべて、本システムに初めて乗る人である。そのような初心ユーザがどれだけスムーズに歩けるかを観察した。後方からビデオカメラで歩行者を撮影し、体のゆれを解析した。ゆれの指標として、腰の幅に対して、腰がどのくらい左右に動いたかを計測した。5 日間の会期中に 325 人の体験者の動作を記録することができた。その結果、78％の人のゆれが 10％以内に納まっていることを示している。すなわち、初心者でも大半の人がバランスをくずすことなく歩けることを意味している。一方で、8％の人が 30％以上のゆれを記録していた。これは可動床が位置を保持する力が不十分なために、歩行者が勢いよくけると、すべってしまうという原因に起因するものであった。また、可動床同士の継ぎ目を意識して、リズムが乱れることもあった。

　ロボットタイルは、各可動床に昇降機構を付けると階段のような凹凸

〔図 4-17〕SIGGRAPH2004 におけるデモ

面を提示することが可能である。タイルの中に人間一人分を持ち上げるだけの力が出せるリフト機構は実装が難しいが、パンタグラフのリンクをカム機構で持ち上げる設計にして、小型化を実現している（図 4-18）。床を上限させるアルゴリズムは、GaitMaster のものと同じ手法が使える。

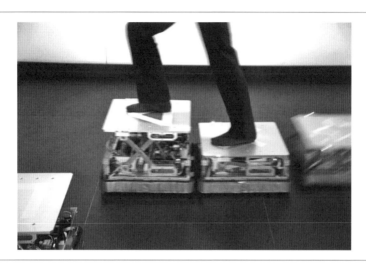

〔図 4-18〕昇降機構による階段の提示

4−7　靴を駆動するロコモーション・インタフェース

　本章では、ロコモーション・インタフェースの実装方式を4つに分類したが、筆者はそれらの分類における中間的なものも開発してきた。それは、[タイプ1]で用いた滑走サンダルにアクチュエータを付けて、自動的に引き戻し動作を行うものである。床ではなくて、靴を動かすのであれば、ハードウェアは小さくて済む。その発想を出発点に、2006年に「パワードシューズ」と名付けた、モータで駆動されるローラースケートを開発した（図4-19）。人間の体重を運べるだけのモータは大型のものなので、靴底に内蔵するのは難しい。そこで、モータは腰部に担ぎ、駆動トルクをフレキシブルシャフトでローラースケートまで伝達するという方式を採用した。これをSIGGRAPH 2006でデモしたところ、フレキシブルシャフトの軸が破損するというトラブルが続出した。歩行運動

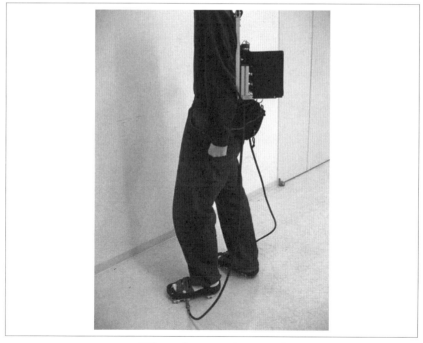

〔図4-19〕パワードシューズ

➡第4章 ロコモーション・インタフェース

をするとフレキシブルシャフトが激しく動き、よじれることも多々あった。

そこで、次に靴に糸を付けて、その張力で引き戻しを行う方法を考えた。これが2007年に開発した「ストリングウォーカー」である（図4-20）。片足に4本の糸を付け、任意方向に引き戻しができるようにした。さらに、歩行方向の変換に対応するために、糸を引っ張るプーリーをターンテーブルの上に載せて、歩行者の体が向いている方向に一致させるように制御を行った。糸を用いて力を与える方法は、身体の拘束が少ないという利点がある反面、糸は張力しか出せないので、反対側からも引っ張る必要がある。そのため、糸同士が干渉しないように適切な制御が必要になるが、歩行のように体の動きが高速で広範囲になると、それに対応するのは困難である。

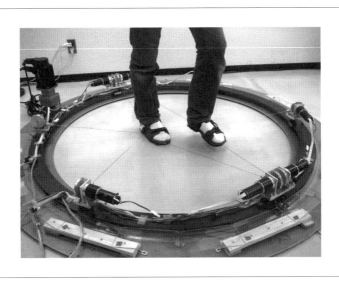

〔図4-20〕ストリングウォーカー

4−8　歩行運動による空間認識効果

　バーチャル空間を歩いて移動することの重要な意義は、移動しながら空間の構造を把握し行き先を決めていくという認知的行為にある。最初から目的地が明確な場合は、何らかの方法で目的地を指示して瞬時にそこに移動することができる。しかし、そのような単純なタスクであれば3次元のVR空間である必要はなく、従来の2DのGUIで同じ目的が達成できるはずである。

　大規模な3Dのバーチャル空間を構築し運用することの本質的メリットは、移動に伴う見えの変化を用いて自分のいる空間の全体的イメージ（認知地図ともいう）を形成できることである。そのようなイメージが形成できれば自分がどう進めばよいかという意思決定ができる。この意思決定の過程はway-findingと呼ばれ、VR技術を用いてそのメカニズムを探る研究が進められてきた[4-11]。

　移動に伴う空間の見えの変化を作り出す方法は、自身の体を運動させることが最も生得的である。この事実は3章でも紹介したGibsonを始めとする多くの研究者によって従来より指摘されてきた。人間のこのような認識行為を実空間で分析することは困難が伴う。定量的な実験を行うためには被験者が見る周囲の風景をコントロールしなければならないが、実世界には様々なものがありそれらをすべて実験環境に合わせるのは事実上不可能である。一方、バーチャルリアリティを用いると精密に制御された実験空間を容易に構築できる。筆者は初期のVirtual Perambulatorを用いて距離認識の実験を行い、ジョイスティックによる移動よりも歩行動作による移動の方が正しい距離感が得られることを確認した。他の研究機関でもHMDを付けてトレッドミル上を歩くものや、広い部屋の中を歩くもの等の研究例がある。

　このような実験を行う際に問題になるのは、距離感や方向感覚をどのような形式で被験者に報告させるかである。口頭で報告するものや質問紙で回答するものが使われてきたが、これらの方式は個人差に左右されやすく、バイアスの影響を受けやすいという問題がある。そこで筆者は経路再現法という手法を提案した。

→第4章　ロコモーション・インタフェース

　経路再現法とは被験者が移動する空間にマークを置き、それを所定の順序でたどるという行為を行った後、マークを消してもう一度その移動を行うというものである。マークがあるときに経路を覚え、それを行動で再現するという手法である（図4-21）。この実験結果を評価するためには両者の軌跡を記録し分析すればよく、この過程は完全に客観的であるため、前述のような被験者に依存した諸問題は発生しない。以下にトーラストレッドミルを用いた経路再現実験の例を紹介する[4-12]。

　実験に用いたバーチャル空間は一様な草原で、遠方に一様な木立がある。HMDを通して見る光景は実世界によくある平凡なものであるが、距離と方向を知る手がかりはこの風景に存在しない。この草原の上に二つの円錐形のマークを置き被験者はそれらをたどって移動する。それが完了するとマークが消え、同じ出発点から前に通ったと思しき経路を移動する。マークの位置は2つの曲がり角の組み合わせを4通り用意し、ランダムに表示した。

　このような試験空間を移動するモードとして以下の3つを設定した。

(1) ジョイスティックモード

　ジョイスティックで移動方向と速度を指示するもので、ゲームや通常のVRで用いられる典型的移動方法である。

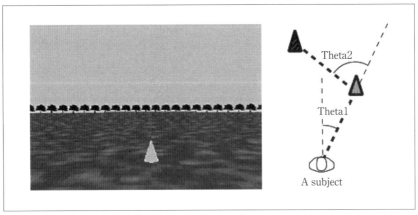

〔図4-21〕バーチャル空間における経路再現実験

(2) モーションベースモード

被験者は3自由度のモーションベースの上に座り、ジョイスティックによって操縦する。動きによって発生する加速度を椅子の傾きを用いて提示する。6章で改めて紹介するが、これはドライビングシミュレータと同様の方式であり、バーチャル空間を乗り物で移動する効果を与えることになる。

(3) 歩行モード

被験者は前述のトーラストレッドミルに乗り、歩いて試験空間を移動する。

これらの3つのモードが与える感覚は、ジョイスティックモードが視覚のみで、モーションベースモードが視覚に加えて前庭感覚、そしてトーラストレッドミルモードは視覚に加えて前庭感覚と体性感覚である。もし、視覚によってもたらされるオプティカルフローだけで移動感覚が決定されるならばこれらの3つのモードの実験結果は等しくなるはずである。

18人の被験者を6人ずつ3つのグループに分け、それぞれのモードによって前述の試験空間を移動させる実験を行った。その結果は最も経路再現時の誤差が最も少ないのがトーラストレッドミルモードで、最も大きいのがジョイスティックモードであることを示した（図4-22）。これら3つのモードの間には分散分析の結果有意差が確認された。この結果は視覚に前庭感覚が加わると精度が向上し、それに体性感覚が加わるとさらに精度が向上することを示している。この実験結果も歩行移動が空間認識に優れているという知見を裏付けることになった。

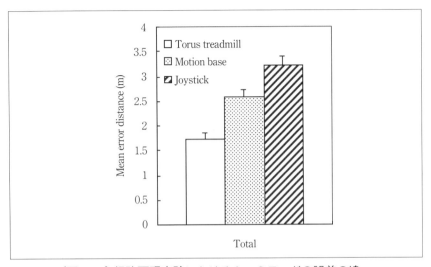

〔図4-22〕経路再現実験における3つのモードの誤差の違い

4-9 バーチャル美術館における歩行移動による絵画鑑賞

人間が移動する場合には必ずしも目的地が存在するとは限らない。特定の到達地点があるわけではなく、移動すること自体が目的になることもある。例えば観光バスでも要所に来ると下車自由行動という時間があるが、その場合歩いて探索することが観光の主目的になる。同様のことは美術館の中で作品を鑑賞しながら歩く場合にもあてはまる。美術作品を鑑賞するという行動は、単なる空間認識だけではなく、その人の感性と関連する複雑な現象である。

美術館の中における人の鑑賞行動を詳細に分析するためには、鑑賞者がどのように移動したか、またどこを見たかといった空間的な情報を定量的に記録する必要がある。しかしながら、実際の美術館の中でそれを行うことには多くの困難が伴う。まず、建物の中を自由に移動する人間の位置を計測するセンサーは実装が難しく、注視点を計測するセンサーは人間に拘束感を強いるのが一般的である。そこで、筆者はトーラストレッドミルを使い鑑賞者がVR空間における美術館を見て歩くという手法を試みた（図4-23）。バーチャルな美術館を用いると、感性評価を行

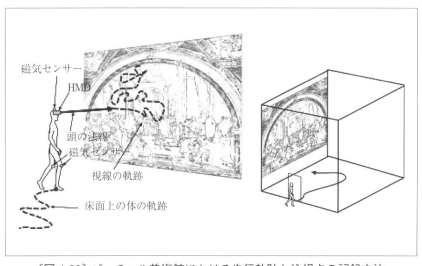

〔図 4-23〕バーチャル美術館における歩行軌跡と注視点の記録方法

う際に作品の選定や展示場所等の条件設定が自由に行えるという大きなメリットがある。

バーチャル美術館の中で鑑賞者がどこを歩いてどこを見たかという行動の記録は、HMD に取り付けた磁気式位置センサーの計測結果から求めることができる。また、歩いた距離と方向は、両膝のセンサーから求めた体の中心が、トーラストレッドミルの可動床でどの方向にどれだけ引き戻されたかという量を記録すれば求めることができる。この記録をもとに、バーチャル美術館の中をどのように歩いたかという軌跡を描くことができる。

鑑賞者の注視点位置は、頭部に付けた磁気式位置センサーを用いて求める。頭部の位置センサーは、HMD に表示する映像の視点位置を決定するために使用されるが、このセンサーの計測値から鑑賞者の頭部の法線ベクトルが得られる。この法線ベクトルを延長した直線がバーチャル美術館の壁に交差した点を求めれば、そこが注視点になる。

このシステムを用いてバーチャル空間に展示室を構築し、上記の方法で鑑賞者の行動を記録する実験を行った。バーチャル展示室の大きさは 10m×10m×10m で、壁の一面にラファエロの「アテナイの学堂」がかけられている。絵は画集（GUNTI 社出版、RAPHAEL His Life & Work in the Splendors of the Italian Renaissance, CARLO PEDRETTI 著）からイメージスキャナで取り込んだものをテクスチャマッピングで表示している。

(1) 実験手法

本研究では、鑑賞行動を分析するためのモデル実験として、作品に対する予備知識と鑑賞行動の関係を調べるという状況設定を行った。実験手法として、まず、絵画に関する知識を持たない人を選び、何の予備知識も持たないままで絵画を鑑賞してもらい、その鑑賞行動を記録する。鑑賞対象の絵画に関してある知識を用意し、鑑賞が終了した時点でそのうち一つを被験者に提示し、再度鑑賞してもらって行動を記録するというものである。今回実験に使用している絵画「アテナイの学堂」の場合は、典型的な例として「画面全体は透視画法を用いて描かれており、3次元空間を、2次元平面でいかに立体的にリアルに感じさせるかを追求したルネサンス絵画の好例である」といった予備知識が準備できる。

(2) 実験結果

　4人の被験者を募り、鑑賞行動を記録した。第1回鑑賞では、この被験者は部屋に入ってすぐに絵の中心に向かって進み、絵の近くで絵の上半分のドームを見上げて見回す動作を数回している。次に後ろ歩きで絵から離れ、部屋の絵と反対の壁近くまで離れて、絵の全体を視野に捉えて立ち止まって鑑賞している。その後、部屋の中央近くまで前進して鑑賞を終えている。鑑賞時間は約4分半であった。予備知識教授のあとの第2回鑑賞では、部屋の中央で絵を眺めてから後ずさり、頭を上下に振って周りを見回している。その後まっすぐ前進し、絵の中心からはずれた位置で首を上に向けて細部を鑑賞する様子が記録された。鑑賞時間は3分半ほどであった。

　予備知識を与えた後で被験者の行動パターンに起こった変化は画に近づいてから左右方向に移動しながら見るということである。これは遠近法による立体感を意識した結果、運動視差を出そうとして左右の動きを試した行為と解釈することができる。実際、テクスチャマッピングによって表示した「アテナイの学堂」をHMDで見ると豊かな立体感がある。

　また、別の予備知識として「画面中央の二人はプラトンとアリストテレスである。左のプラトンは「真の実存は天上のイデアであり、そこに目を向けるべきである」とといた哲学者であり、右手で天を指している。右の人物、アリストテレスは、プラトンに学び、プラトンを尊敬しつつも「この現実世界に目を向け、そこから考えてゆくべきである」と説いた哲人であり、右手で地上をさしている」というものを与える方法がある。この予備知識を与えた結果、画の中央付近で前後しながら頻繁に首を左右に振り、人物を確認する動作が観察された。これは登場人物の背景を知った結果それらの関係を意識したものと解釈することができる。

　これらの実験結果は作品に関する予備知識の違いによる鑑賞行動の差異から、感性の変化を抽出しうることを示唆している。

　ロコモーション・インタフェースの有望な応用分野として旅行などのエンターテイメントが挙げられるが、この実験結果はトーラストレッドミルが、そのようなアプリケーションに対して有効であることを示している。

4－10　ロコモーション・インタフェースを用いない VR 空間の歩行移動

　これまでに述べてきたようにロコモーション・インタフェースの実現には数多くの技術的課題があり、実用化は容易ではない。そこで、これらの装置を使わずに VR 空間が歩行移動できないかという発想が当然生まれてくる。そして、実際様々な方式が提案されてきた。

　まず、第一に考えられるのは、足踏みのジェスチャを行うものである。足が前進しなければ引き戻しを行わなくて済み、特殊なデバイスは必要なくなる。米国海軍研究所の Templemen らは、この方式を用いて、"Gaiter" と呼ばれる歩兵の訓練シミュレータの研究開発を 1990 年代に行った [4-13]。足踏み動作は、前進をしないので現実世界の歩行運動とは異なるが、適切にモーションキャプチャし、VR 空間の移動に反映させれば、リアルな移動感覚が得られる。歩兵は膝立ちしたり匍匐したり多様な姿勢をとるので、そのような状況にも対応できることが考慮されていた。しかし、実際の戦闘行動とは、身体感覚が異なるため限界があった。

　Templemen らのグループは、その後さらに簡便なシステムとして、椅子に座った状態で、スライド式のペダルを用いて歩行移動を模擬する "Pointman" と呼ばれるシステムを開発した [4-14]。このシステムは、室内などの近接戦闘の訓練を対象にしたものである。身体感覚としては、実際の技能とは異なるが、イメージトレーニングの面では有効に機能した。また、米国陸軍では 1990 年代に "OSIRIS" という歩兵の夜間戦闘用シミュレータを開発していたが、赤外線映像を HMD に表示し、歩行動作はステッパーマシンを用いた [4-15]。ステッパーマシンは油圧ダンパーを用いて歩行に伴う地面からの抵抗力を発生するものである。このようなペダルによる移動は、用途を絞れば費用対効果の高いソリューションになりえる。

　その他に、VR 空間における身体運動を用いた移動方法として、重心移動が考えられる。立位の人間の重心位置を測定するフォースプレートはすでに実用化されており、それを用いて重心が移動した方向に VR 空間における視点を移動するという方法は容易に実現できる。ただし、この移動方法は生得的なものではないので、エンタテインメント性は高い

ものの、実用には適さない。また、靴に振動子を仕込んで、蝕圧覚刺激を与えることによって足裏感覚を作り出そうという発想もある。3章でも述べたように、振動子が与える刺激は、深部感覚を生成するものではないので、実際の歩行感覚とは異なる。一方で、振動子は合図を送るような用途には適しているので、これも用途を絞れば費用対効果の高いソリューションになりえる。

第5章

プロジェクション型VR

5－1　プロジェクション型 VR とは

　HMD は VR の黎明期にあたる 1980 年代において研究がスタートし、1990 年代になると様々な機関で活用されるようになった。第一章でも述べたように、「VR 元年」と呼ばれる 2016 年に一挙に普及が始まった HMD の基本原理と構造は当時のものと変わらない。HMD が VR の代名詞となった。しかしながら、1990 年代に HMD の実用化が進むにつれて、様々な欠点が指摘されるようになってきた。典型的なものとしては、脱着が煩雑であることと複数の人が同時に使えないことがある。ゴーグル型のディスプレイは被るだけでも圧迫感があるが、本質的な問題は HMD に組み込まれたレンズの光軸が眼球の中心に完全に合っていないと、本来の機能を果たさないことである。現状の HMD は解像度がそれほど高くないので、多少の光軸のずれは気にならないが、これが 4K や 8K などの高精細になると、わずかな光軸のずれで画質を大きく損なうことになる。体が動くと光軸がずれやすいので、しっかり固定する必要があり、それやるとさらに窮屈である。もう一つの欠点は、HMD は装着者にしか映像を提供できないことで、顔の大半を覆うゴーグルは実世界におけるコミュニケーションを大きく阻害する。AR 用の小型 HMD を用いれば、顔が隠れる領域は減少するものの、逆に視野を広く映像で覆い臨場感を高めるのが困難になる。近年では、Hololens のような AR 向けの HMD の実用化が進んでいるが、映像提示範囲が限られており、重畳できる CG に制約がある。

　AR でない閉鎖型の HMD でも、一般に視野角の広い光学系を作ることは困難である。通常の HMD が提供する映像の視野は上下左右に 100 度程度である。一方人間の目は水平で 200 度、垂直に 120 度程度の視野をもっており、特に左右両側の周辺視野が没入感に大きく影響することが知られている。HMD の視野角を広げる研究開発は鋭意行われてきたが、人間の視野角すべてをカバーするのは容易ではない。視野角 100 度程度までは 1 枚のパネルで表示できるが、200 度となると、左右に別のパネルを備えなければならず、パネルの間の継ぎ目を光学的に消さなければならない。

これらの欠点を解決するために、1990年代中盤以降によく研究されたのが、大型のスクリーンで映像の部屋を作るシステムであった[5-1]。これがプロジェクション型VRである。この方式はHMDより広い視野角が提供でき、複数の人間が同じ映像空間を共有できるといった利点がある。1993年に1辺が2.5mの立方体の壁と床に立体映像を投影する"CAVE"と呼ばれるものが登場したことを契機に[5-2]、当時のVRにおける映像提示装置の研究は、プロジェクション型VRの方にシフトした。

　このようなプロジェクション型VRを設計する場合に、考慮すべき技術課題は以下の3点である。

①多面体スクリーンと球面スクリーン

　プロジェクション型VRは大型のスクリーンで観察者の周囲を囲む。観察者から見て映像が存在する範囲は立体角で定義され、完全に全方向覆う場合の立体角は4πである。映像が人間を覆う立体角が大きくなると、1枚のスクリーンではそれを覆うことができなくなる。そこで、一般には複数のプロジェクタを使う多面体のスクリーンを構築することになる。前述のように、最もよく知られた多面体型の没入型ディスプレイは、イリノイ大学で開発されたCAVEである。CAVEは正方形スクリーンを4枚使って立方体状の映像の部屋を作るものである。CAVEは世界中のVR研究機関で使用され、日本では正方形スクリーンを5枚に拡張したCABINや[5-3]、さらに6面にしたCOSMOSも開発された。

　このような多面体スクリーンにおいては、スクリーンの間の継ぎ目をうまく合わせる必要が生じる。平面スクリーンを多面体状に組み合わせる場合、視点位置からのパースペクティブを各スクリーンに正確に描画しないと直線が折れ曲がって見えてしまう。そのため、多面体型ディスプレイは位置センサーで観察者の頭部を追跡する。このことは複数の観察者には折れ曲がりのない映像を提供することは極めて困難であることを意味する。この画像の折れ曲がり問題はビデオカメラで記録した映像を提示する際に深刻な問題になる。CGを実時間で描画している分には観察者の視点位置に応じて最適な画を描けばよいが、すでに録画されたものからそれを行うのは困難が伴う。カメラの取得した画像にイメージ

ベーストレンダリングを施し、視点位置に応じた描画を行えばこの問題は解決できるが、任意の動画に対して完全なイメージベーストレンダリングを行うのは、極めて難しい。

　人間を覆うスクリーンの形状としては、目から投射映像までの距離が一定な球形が理想的である。目からスクリーンまでの距離は頭を動かしてもなるべく一定であるのが望ましい。球面スクリーンに映像を投射する場合、曲率が連続であるためにこのような折れ曲がり問題は原理的に発生しない。歪補正を行っておけば、複数の観察者に破綻のない映像を提供することが可能である。この長所は、多人数に没入効果を与える際に有利であるため、博覧会等のパビリオンでは、プラネタリウムのようなドーム型のスクリーンがよく用いられる。

　上下の視野角がそれほど大きくない場合には、スクリーンが円筒形でもよく、実際、ドライビングシミュレータに代表される訓練用シミュレータには、円筒形スクリーンがよく用いられている。また、1人用の小型の全周円筒スクリーンとして、Panoscope 360というアート作品もあった [5-4]。これは、ドーナッツ状の穴が空いた凹面鏡の中に、円筒スクリーンを配置するもので、1台のプロジェクタで全周の映像を提示できる点が特徴である。

②前面投射と背面投射

　プロジェクション型VRを構築する際に実用上最も障害になる問題は、非常に大きな設置スペースが必要になることである。その主たる理由はスクリーンに背面投射を行うことにある。通常の前面投射を行った場合は、人がスクリーンに近づくと自分の体が投影光を遮るという問題が出てくるため、スクリーンで観察者の周囲を覆うような構成には適さない。昨今では壁のすぐ近くに設置できる超短焦点のプロジェクタが市販されるようになったが、観察者の周囲を完全に映像で覆うような場合、プロジェクタ本体がスクリーンの前にあるのは邪魔であるのと、後述する立体視の問題があり、超短焦点のプロジェクタはプロジェクション型VRには使えないことが多い。

　この遮蔽問題を解決するために、スクリーンの背面から映像を投射す

ることになり、その結果、大きなバックヤードが必要になる。特に、上下の視野角を大きくとるようなスクリーン構成を実現するような場合には、2階建ての吹き抜けのような空間が必要になり設置場所が限られる。

　球面スクリーンとして最もよく知られているのは、プラネタリウムのような半球状のドームに映像を投影する装置であろう。最近では一人用の小型ドームが製品化されている。しかし、これらのドームは前面投射であるため、投影する半球内に人が入ると影を作ってしまう。したがって、必ず半球の外から見なければならず、原理的に2π以上の立体角で観察者を囲むことができなくなる。そのため劇場としては使えても、人間の周囲を覆い尽くす没入型ディスプレイとして用いるには限界がある。

③立体視

　VRでは立体視が必要であり、プロジェクタを用いる場合も立体視を行う。テレビでもそうであるが、プロジェクタで立体視を行う方法は、時分割式と偏光式がある。前者はシャッター眼鏡を用い、左目用投影像と右目用投影像を高速（120Hz程度）で切り替える。後者は偏光フィルタを眼鏡とスクリーンに用いる。偏光式は偏光面を維持しないと左右の映像が分離できないので、立体に見える場所（スイートスポット）が限定され、スクリーンの材質と形に制約がある。特にスイートスポットが狭いことは観察者が動き回るVRの用途には適さない。また偏光フィルタによって画質が劣化する。一方、時分割式ではこれらの制約がないが、シャッター眼鏡に対して左右を切り替えるタイミングを教える同期信号を供給しなければならない。その分、眼鏡に電子回路とバッテリーが必要になる。さらに、時分割式で最も大きな問題は、複数のプロジェクタを用いる場合に、すべてのプロジェクタにおいて左右の映像が切り替わるタイミングが同期していないといけないことである。通常のプロジェクタはこの機能を持っていない。一般の製品ではVESA 3Dという規格に対応したものは、複数プロジェクタの同期がとれるが、その機種は多くない。したがって、Cristy Digital Systems 社の製品のように、VRの用途を想定した同期機能をもった専用機が導入される事例が多い。

眼鏡を用いない裸眼立体視の研究は多くの事例があるが、全周映像でそれを実現したものは稀である。舘らのグループは、直線状に並べたLEDを円筒状に配し、それを機械的に回転させて両眼視差を作り出す"TWISTER"を開発した[5-5]。

　筆者は1990年代から様々なプロジェクション型VRの研究を行ってきた。本章ではその過程で得られた知見に基づき、プロジェクション型VRの設計指針を解説する。

5-2 全立体角ディスプレイ Garnet Vision

　究極のプロジェクション型 VR は、観察者の上下左右を完全に映像で覆う立体角 4π のディスプレイである。このようなディスプレイは前述のバックヤードの問題から大きな空間が必要になる。そこで、普通の部屋でどうやってこれを実装するかを考えた。

　前章で述べたように背面投射スクリーンは、バックヤードの空間が無駄になるという問題がある。バックヤードの空間を減らすためには、投影面を分割してプロジェクタを増やすという方法が考えられる。各プロジェクタの投影面が小さければ、それだけ近くから打つことになるので、結果として全体の設置空間が小さくなる。筆者は 1996 年に、この投影面分割問題に対して、最適性の考察を行った [5-6]。すなわちどのような分割を行えば、設置容積に対して映像で囲まれるスペースが最大になるという設計を行った。空間を分割すると多面体になるが、多面体には数多くの種類が存在する。したがって、どの多面体が全立体角のプロジェクション型 VR に最も適しているかを見いだすことが設計の出発点となる。

　最適形状を決定するために、筆者はピクセル効率と容積効率という 2 つのクライテリアを設定した。まずピクセル効率とは、各多角形がプロジェクタのピクセルをどのくらい有効に表示できるかという比率である。当時のプロジェクタはアスペクト比が 4:3 であったため、それを基に計算すると、多面体を構成する多角形の候補として正方形、菱形、6 角形があがってくる。次に、これらの多角形にプロジェクタで映像を投影するために必要なバックヤードの容積を計算する。それをもとに容積効率、すなわち映像で囲まれる容積とバックヤードにとられる容積の比をとると最も効率の良い多面体が見つけられる。実装上の現実性を考慮して面数を 20 未満とすると、最適解は菱形 12 面体になる。

　CAVE を拡張した立方体スクリーンに比べると、この菱形 12 面体スクリーンはいくつかの長所をもっている。まず、最大の違いは容積効率であり、前述の容積効率の計算結果は 1.7 倍の値になっている。次にユーザから見た各頂点の角度がゆるいことである。頂角が鋭いと映像の連

続性が損なわれる。立方体スクリーンの各頂角はユーザが中心に立った場合78度になるが、菱形12面体スクリーンの頂角は小さいところでも90度で大きいところだと120度である。

　前述の結果に基づき、菱形12面体を用いた全立体角ディスプレイの試作を行った。これは結晶構造が菱形12面体になる物質に因んで、Garnet Visionと名付けた（図5-1）。通常の部屋の設置できる条件から、スクリーン部の外寸は272cm（H）×192cm（W）×192cm（D）に設定している。この12面体は24本のアルミ合金製のフレームで構成され、各菱形スクリーンの対角線の長さは75インチである。このフレームにトレーシングペーパを張り付けることによってスクリーンにしている。12基の液晶プロジェクタを各スクリーンの垂直方向に設置した。プロジェクタには当時数少ない短焦点プロジェクタであったカシオのFV600を用いた。このプロジェクタの画素数は250,000で投射距離は90cmである。

〔図5-1〕Garnet Vision

プロジェクタの架台まで含めたシステム全体の外寸は 270cm（H）× 260（W）× 260cm（D）である。このディスプレイのユーザは 12 面体の中に入り、40cm 四方の透明アクリルボードの上に立つ。Garnet Vision が試作された 1996 年当時、すべての方向を映像で覆ったディスプレイとしては、これが世界初のはずである。

5−3　凸面鏡で投影光を拡散させる Ensphered Vision

　全周球面スクリーンを用いてプロジェクション型 VR を実現する手法として、凸面鏡で投影光を拡散させる "Ensphered Vision" を 1998 年に考案した [5-7]。これは全周映像を球面スクリーンに前面投影するための技術である。前面投影する場合の問題点は、前述のようにユーザの体がプロジェクタからの投影光を遮蔽することである。それを解決するために、Ensphered Vision では平面鏡と凸面鏡の組み合わせによって、プロジェクタの投影光を上方から球面スクリーンに拡散させている（図 5-2）。平面鏡はプロジェクタから出た光を折り曲げる役割を果たし、このため、観察者は球面スクリーンの中心から見ることができる。これは魚眼レンズを用いてドームに投影する方式では不可能なことである。レンズは収差があるので大きな立体角をカバーする拡散系は構造上無理がある。凸面鏡は収差による色ずれを起こさず、またレンズに比べるとはるかに低コストで望みの曲率のものを製作することが可能である。近年普及してきた超短焦点プロジェクタは、この利点を活かして凸面鏡で投影光を拡散されるものが多い。

　Ensphered Vision の、凸面鏡と平面鏡の組み合わせ構造は、非常に限られた空間にディスプレイを作ることを可能にする。球の中心部に観察者が入ることができるため、球の直径を小さくすることが可能である。通常の没入ディスプレイは大きな部屋がないと作れないが、Ensphered Vision は人間が担げるほどの小型ディスプレイを実現することができる。最小のものは、直径 60cm のものを試作したことがある。これは第 7 章で紹介する "Floating Eye" というアート作品に用いている。

　Ensphered Vision はシームレスな映像を提示することができるので、実写画像の表示に適している。実写画像を撮影するカメラヘッドには、凸面鏡を用いて全周囲の風景を写りこませる方式を採用してきた。この凸面鏡の下にカメラを置くことによって、一台のカメラで全周囲の映像を取り込むことができる。カメラに記録されるのは球形に歪んだ映像であるが、これを球面スクリーンに投影すると自然な映像として見ることができる。カメラヘッドの凸面鏡はこの歪みが最小になるように設計さ

れている。近年では複数のカメラを全方向に配置し、全周映像を撮影するものが市販されるようになっているが、この構成ではカメラの間に対象物が写らない死角ができることが不可避である。凸面鏡を用いると、この死角が原理的に存在しない利点がある。

1台のプロジェクタの構成だと、投影する画素を全周に拡散されるために、解像度が低下する。そのため、スクリーンを3つに分割し3台のプロジェクタで120度ずつ投影する方式をとった[5-8]。

これまでに、筆者は各種の Ensphered Vision のデモを行ってきたが、そのときに指摘された問題点の中で、最も深刻なのがコントラストの低さであった。これは、全周ディスプレイにとって原理的に不可避な問題である。というのは、通常プロジェクタは暗い部屋で見るか、周囲より明るい光線を投影することによって映像を見せる。一方、全周ディスプレイでは、すべての方向にスクリーンがあるため、スクリーンに当たった光の逃げ場がなく、反対側のスクリーンを明るく照らしてしまう。この現象は、バウンドと呼ばれ、全周スクリーンに固有の問題である。そ

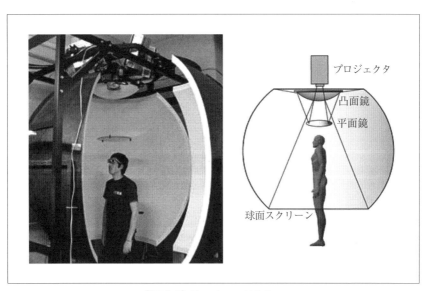

〔図 5-2〕Ensphered Vision

の結果、いくら投影光を強くしても、映像全体が白くなるだけで、コントラストが悪化する。プロジェクタは、コントラストをかせぐために、明部分をより明るくすることで性能向上を図ってきたが、全周ディスプレイでは、それがかえってコントラストを低下させる。主観的には、コントラストが画質の評価に大きく影響するため、この問題は致命的ともいえる。

5−4　背面投射球面ディスプレイ Rear Dome

　内部相互反射の対策として考えられるのは、スクリーンの外から投影する背面投射である。バウンドしてきた光を、反対側のスクリーンの外側に逃がすことができれば、コントラスト低下を抑えることができる。背面投射スクリーンは裏側から見ても映像が見えるので、その分だけ光が球の外部に逃げていることになる。この特徴を活かして、全周球面ディスプレイの画質向上を目指したのが、"Rear Dome" である [5-9]。

　球面スクリーンに背後から投影する場合、端の方の光線はスクリーンに対して斜めに当たるため、中心部に比べて輝度が下がる。それを軽減するために、スクリーンに拡散剤を塗布し、光が投影光の進路以外の方向にも行くようにしている。スクリーンの球形を作るために、透明なアクリル製のシェルを作り、その内側に拡散剤を塗布している。内側に塗る理由は、アクリルの表面で光が反射するためで、それが内側にあると写りこみの問題が起きる。

　アクリル製シェルはなるべく一体整形できた方が望ましいが、熱変形で球形を作るために、一体成型できるのは、半球が限界である。そこで、半球ずつ作って、それを2つ貼り合わせた。2003年に最初に試作したスクリーンは、直径1016mmで、下部に直径600mmの開口部があり、接合部は50mmのフランジをつけ2つの半球をねじ止めしている（図5-3）。投影する映像は、水平方向に90度ずつ分割し、4台のプロジェクタで投影している。使用したプロジェクタは、当時SXGAの解像度を持つものの中で当時最も小型であった日立CP-SX5600Jである。スクリーンにおける1台のプロジェクタの投影範囲は水平方向95度、垂直方向76度である。各プロジェクタの投影映像の中心は球面ディスプレイの緯度0度、経度それぞれ45、135、225、315度と対角線上に位置している。プロジェクタの位置はそれぞれ球面ディスプレイの中心からの距離2208mm、プロジェクタの投影口中心の高さ1700mmとなっている。全体で、視野角は水平方向360度、垂直方向76度となる。

　前述のように、球に映像を投影する場合、歪みが発生する。この歪みを補正するために、テクスチャマッピングを用いて映像の歪補正を行っ

ている。具体的には、配置設計が決定した時点であらかじめ幾何計算により、全周映像のどの緯度経度点を、変形後の映像のどの位置に貼り付けるかを算出し、歪み補正対応テーブルを作成している。実際の投影時に全周映像はプロジェクタ台数分の視体積分割を行い、平面映像として描画し、対応テーブルをもとにテクスチャの変形によって歪み補正を行う（図5-4）。4台のプロジェクタの分割面においては、投影映像の境目を自然にみせるため、エッジブレンディングを行っている。映像の重なり合う端の部分を5度ずつ確保し、その重なった部分の光量を端にいくにつれ線形に減らしている。

前述のように、Rear Domeを開発した動機は、Ensphered Visionにおける内部相互反射の問題であった。背面投射スクリーンで、その問題が

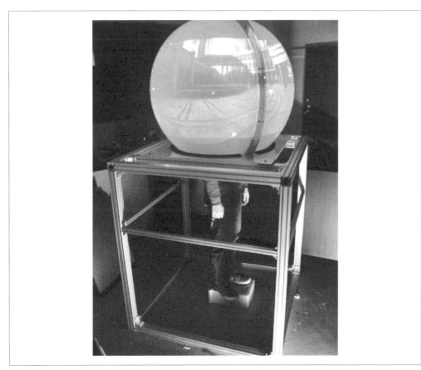

〔図5-3〕Rear Dome 1000

どう改善されたかについて、CCD カメラによる測定実験、観察者による心理物理実験の二種類の評価実験を行った。まず CCD カメラによる測定の評価実験は、スクリーンの半面にあたる水平視野角 180 度部分に輝度値 0 ～ 255 の画像を投影し（これを「片面入力輝度」と呼ぶ）、もう半面に輝度値 0（黒）を投影して、ディスプレイの中心からその黒領域の中央の輝度を CCD カメラで計測した。CCD カメラは、球体スクリーンの中心においてある。片面入力輝度とは、カメラの後ろ側半球の明るさを示しており、内部相互反射が大きいと、カメラ正面の黒領域が明るくなり、いわゆる「黒浮き」が発生していることになる。片面入力輝度が最も大きい 255 であるとき、Ensphered Vision が 215 であるのに対して、背面投射は 12 となっている。これは、反対側のスクリーンの明るさの影響が、Ensphered Vision の場合 84％であるのに対して、背面投射ディスプレイは 4.7％程度で、内部相互反射が極めて少ないことを表している（図 5-5）。

次に、観察者による輝度差の識別実験では、前面水平視野角 180 度部分に、周囲よりも輝度値だけ 5 小さい経度緯度 10 度分の正方形を表示する。背面 180 度分の輝度値を 0 ～ 255 で変化させたとき、被験者にどの程度まで輝度を上げると正方形が見えなくなるかを目視により答えさせた。前面の正方形は輝度値 0 ～ 250 まで 25 刻みで値を設定し、それ

〔図 5-4〕歪補正

ぞれ計った。また、前回の刺激の影響を減らすため、毎回5秒間、輝度値0の画面を表示し、正方形を経度緯度−10〜10度の範囲にランダムに表示するようにしている。被験者5人の測定値の平均を求めた結果、Ensphered Vision は、正方形の輝度値0、250のときはまったく見えず、正方形の輝度値が中輝度域に近づくほど背面が明るくても見えることがわかった。背面投射ディスプレイは、正方形輝度値0のときは背面輝度値210程度までしか見えないが、正方形輝度値25以降は背面が最大輝度値のときでも判別がついていた。このことから、Ensphered Vision の場合、低輝度域・高輝度域の画像が内部相互反射の影響を受けやすく、コントラストの低下により輝度差5の違いが判別つかなくなってしまうが、背面投射の場合、どの輝度域においても投影映像の透過の影響によるコントラストの低下が非常に少ないことがわかる。

　以上の実験から、背面投射ディスプレイの投影映像の透過が向かい合ったスクリーンに与える影響はほとんどなく、内部相互反射によるコントラストの低下をおさえることに成功したと言える。

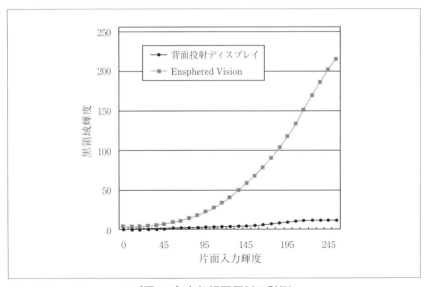

〔図5-5〕内部相互反射の計測

→第5章 プロジェクション型VR

　プロジェクション型VRは4章で紹介したロコモーション・インタフェースと統合するとより高い没入感を得ることができる。人間の視野は水平方向に200度あり、歩くときには周囲を見回すので、360度の映像表示が効果的である。歩行移動は空間認識に大きな役割をもっていることは4章で述べたとおりである。したがって、内部で歩行運動を行えるように直径1600mmのRear Domeを2007年に開発した。このRear Domeをトーラストレッドミルと組み合わせている(図5-6)。

〔図5-6〕Rear Dome 1600 とトーラストレッドミル

5−5　超大型プロジェクション型 VR　Large Space

　プロジェクション型 VR の最大の利点は、多人数がバーチャル世界を共有できること、すなわちバーチャル世界の中でリアルな人と人のコミュニケーションができることである。人間同士のインタラクションはリアルである、ということが重要である。HMD では、バーチャル世界の中で人と人がコミュニケーションをとるためには、全員がアバターにならなければならない。

　さらに、プロジェクション型 VR では、大型のスクリーンを用意すれば、大型のバーチャル物体を実物大で提示できるという利点がある。自動車業界では、バーチャルな試作車をスクリーン上に実物大に提示するということが実用化されている。このような環境では、バーチャル空間において自分の体の大きさと比べることによって、1/1 スケールの実寸感覚を得ることができる。自身が見えるという機能だけならば、AR で用いられるシースルー型 HMD でも可能であるが、前述のようにシースルー型 HMD では提示映像の視野角が限られるため、バーチャル空間における高い没入感を出すことには限界がある。

　十分な体性感覚フィードバックを伴う身体運動を行うためには、広い実空間が必要である。これまで開発されてきたプロジェクション型のシステムは体験者が動き回ることができる範囲が狭い空間に制限されており、一度にバーチャル環境を共有可能な人数も数名であった。筆者は、体験者の視野を画素で覆い、なおかつ生成したバーチャル空間内を広範囲に移動することによって多様な体験を創出可能な大空間を構想した。これが "Large Space" である [5-10]。この名前は、当時世界最大のプロジェクション型 VR であった、オーストリアのリンツ市にある Ars Electronica Center の "Deep Space" をもじったものである。Deep Space は 16m×9m の壁面スクリーンと床面スクリーンで構成されている。Large Space は、これを上まわることを企図した。

　プロジェクション型 VR は大きな建物が必要となるのが制約であるが、幸いなことに筆者は、筑波大学において、床が 25m×25m で天井高 8m の無柱空間を有する「エンパワースタジオ」を 2015 年に建設する

ことに成功したので、ここに Large Space を実装した。

この無柱空間のうち、幅 25m 奥行 10m の部分は他の設備のために確保されているので、残りの 25m×15m を本装置に用いた。これは、バレーボールやドッジボールの公式コートが確保できるような広さであり、本装置の目的である人が内部で自由に動き回ることを可能にした。そして、25m×15m の床と、それを囲む高さ 7.7m の壁の全周囲に映像を隙間なく投影する配置を設計した（図 5-7）。

大規模なスクリーンの構築が比較的容易な前面投射方式で用いた。前面投影であれば、光を透過しない素材を使用することができるので、全周をなめらかにつなぐスクリーンを構築することができる。多面体スクリーンの欠点である、スクリーン接合面での映像の折曲がり問題を防ぐため、各面の接合部には、トーラス面、円柱面を採用し、丸みを帯びた形状になるよう設計した。

スクリーンを支える骨組みは、同時にプロジェクタなど重量のある装置を搭載可能にし、またスクリーン内部を柱の無い空間にできるものが望ましい。したがって、十分な強度のある屋内イベント会場構築用のスチールトラスを骨組みとして使用した。スクリーンは、3 種類の素材で

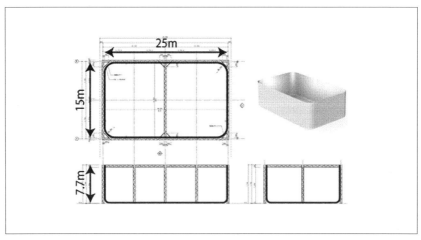

〔図 5-7〕Large Space のスクリーンの形状

構成されている。最も大きな面積を占める壁面には、遮光幕の生地であるLONDAY 8074センシアⅣを使用した。幅1.4m、高さ7.2mの生地を41枚縫合し壁面全体の3/4を覆い、残りの1/4は、スライドファスナによって開閉可能な出入口部分を含む13枚を縫合して覆った。この二つの生地の端部分は面ファスナになっており、互いに接続されることで一枚のスクリーンとなる。壁面スクリーンの上端はスチールトラスに固定された直径22mmの鋼管で支持し、下端は木材の曲面スクリーンと面ファスナによって接続することで、張力をかけている。また壁面スクリーンの外側には、防球ネットに使用される素材であるターポリンを張り補強を行った。次に、床面と壁面を接続する曲面スクリーンであるが、これは木材で作成し、表面をスクリーン用塗料で塗装した。最後に、床面スクリーンの素材には体育館用の白色タイルを使用した。これにより、重量のある実験器具の使用や運動を伴う実験等を可能とした。

　Large Spaceの設計上最も困難が伴うのは、全周の壁と床を画素で隙間なくうめ尽くすことである。大型スクリーンで立体視を行うため、多数のプロジェクタの間で時分割式立体視の同期をとる必要があり、そのためプロジェクタには、Cristy Digital Systems社のMirageシリーズを用いた。したがって、Mirageシリーズに使用できるオプションレンズを用いることを前提に、どのようなプロジェクタ配置で壁と床を画素でうめるかということが解くべき問題となる。

　床と壁はすべて映像なので、プロジェクタはすべてスクリーンを支えるトラス上に配置しなければならない。採用したプロジェクタのアスペクト比は4:3である。これを2画面横に並べることによって8:3の縦横比となる。ここで、Large Spaceの壁面スクリーンは高さ7.7mである。8:3の映像を高さ7.70mの壁面に投影すれば、映像の幅は20.5mとなる（図5-8）。しかし、長手側の壁面幅は25.0mであるため投影範囲の不足が生じる。一方短手側の壁面スクリーンの幅は15mであるが、これも同様に2画面を横並びに投影する。これにより、映像が短手側の壁面幅より余分に投影されるため、長手側の不足分を補うことができる。またこのとき映像は床面にも余分に投影される（図5-9）。

→第5章 プロジェクション型VR

　床面への投影には、Mirageシリーズに使用可能な最も焦点の短いレンズ（投写比率0.73:1）を使用し、4つの台形で埋めている（図5-10）。この際、床面投影プロジェクタのみでは投影範囲の不足がある。この不

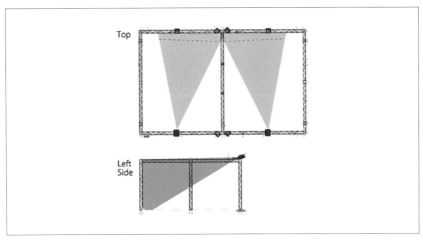

〔図5-8〕Large Space 長手壁面への投影

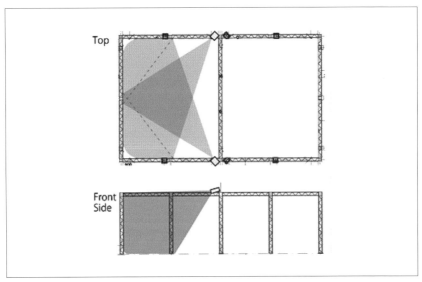

〔図5-9〕Large Space 短手壁面への投影

足は壁面投影プロジェクタの余剰分によって補うことができた。

　各プロジェクタの投影像のつなぎ目はエッジブレンディングを施し、継ぎ目がわからないようにしている。また、平面でない部分に投影する場所には、観察者から見て歪がないような補正をかけている。基本的手法は球面スクリーンにおける歪補正と同じである。図 5-11 はこれらの処理を行った結果を示している。

　正しい立体映像を提示するためには、観察者の視点位置を計測し、それに応じたシーンをリアルタイムで描画しなければならない。そのため、トラスの上部にモーションキャプチャシステムを装備した。モーションキャプチャシステムとして、OptiTrack 社の Prime41 カメラを使用した。Prime41 は自発光型の赤外線カメラで、トラス上に設置された全 20 台が制御用のワークステーションと Ethernet インタフェースによって接続される。スクリーン内のすべての位置について、2 つ以上のカメラで撮影できる配置とした。カメラから得られるデータは、制御ソフトウェア

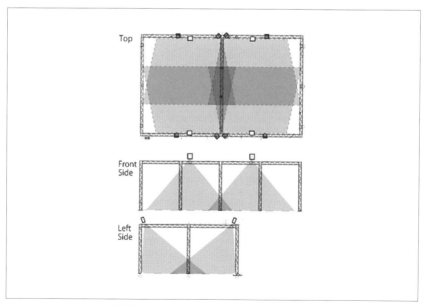

〔図 5-10〕Large Space 床面への投影

のMotiveにより処理され、Large Space映像生成プログラムにストリーミングされる。カメラの撮像速度は120fpsで位置推定処理による遅延は2ms以下である。本システムでは、再帰性反射素材の球体マーカを複数組み合わせ、その形状をMotiveに剛体マーカとして登録することで、剛体の位置姿勢をリアルタイムに推定できる。

　LargeSpaceの本格的な応用として、UCLAのVictoria Vesna教授が中心となって2011年から進められている"BIRD SONG DIAMOND"プロジェクトのインスタレーション作品を2016年に制作した。同プロジェクトの最終目的は、鳥のさえずりの意味と構文を人間に理解させることであり、Vesna氏はこれまでに、鳥の鳴き声を空間にマッピングし体験者の動きに応じて聞こえる音がインタラクティブに変化するインスタレーション作品を制作するなど、科学と芸術を融合する活動を行ってきた。Large Spaceにおいては、鳥の群集飛行シミュレーションを行い、全周映像として表示した。前記のモーションキャプチャシステムを用いて、体験者の位置を検出し、所定に位置にくると、鳥の群れが寄り集まって

〔図 5-11〕Large Space の投影状態

くるというインタラクションを実装した。さらに、第6章で述べるモーションベースを用いて、参加者が鳥のように実際に飛行するというシナリオも導入した（図5-12）。

　Large Spaceは、巨大なバーチャル世界を1/1の実寸で表示でき、それを多人数で同時体験できるということが最大の特徴である。それを活かす応用は様々なものが考えられるが、典型的なものは非難シミュレーションであろう。第4章でも述べたように、非難シミュレーションにはVRが不可欠であるが、Large Spaceを用いると津波が堤防を越えてくる様子を実物大で目の当たりにすることができる。そのような場面において、警報の効果に関する被験者実験を行ったり、堤防の高さに関する近隣住民の合意形成などの使い方がありうるであろう。

〔図5-12〕BIRD SONG DIAMOND Japan

第6章

モーションベース

6－1　前庭覚とVR酔い

　バーチャル世界においては、視覚的には自由に飛行することが可能である。一方実世界で人間が飛行すると、移動に伴う加速度を体が感じる。第2章で紹介したように、人間には前庭覚という加速度を感じる感覚機能がある。耳の奥にある三半規管が加速度センサーとして機能する。空間における物体の移動の自由度はx、y、z軸にそった並進が3つ、x、y、z軸それぞれを回転軸にした回転の自由度が3つある。回転の自由度にはそれぞれの角度に名前があり、体の前後方向の軸回りが「ロール」、体の上限方向の軸回りが「ヨー」、体の左右方向の軸回りの回転が「ピッチ」である。三半規管はこれらの各自由度に発生する加速度を検出することができる。この機能によって人間は姿勢を保つことができる。

　自身の体が動いているという情報は視覚からも得られる。視野に見えるものが広範囲に動くと、自分の体が動いていると脳は判断する。映像の提示範囲が水平に100度以上になると、この現象が顕著になる。自分の体が傾いていると脳が判断して、直立を保つように姿勢制御を行う。映像刺激だけならば、実際の重力の方向は変わらないので、直立していても重心が移動する。この現象は視覚誘導性自己運動と呼ばれ、知覚心理学の分野でよく研究されてきた[6-1]。視覚誘導性自己運動は、三半規管が検出する物理的な前庭覚よりも視覚によってもたらされる移動感覚の方が優位であることを意味している。市販されているHMDでも、この視覚誘導性自己運動を起こすのに十分な視野角がある。

　三半規管によって知覚される前庭覚情報は、視覚から得られる自身の移動情報と一致しないと「酔い」が発生する。実世界でも船の中にいると視覚的には動きがないのに、前庭覚刺激が起きるので、脳が混乱し船酔いが起きる。一方、VRは視覚刺激が強いために、酔いの現象はさらに深刻である。HMDは頭部の動きをセンサーで計測して、頭が向いた方向の映像をリアルタイムで表示しなければならない。映像の描画が遅れると、自分が頭を振ったことによる前庭覚刺激に対して、視覚的に得られる動きが一致しないので、脳は混乱する。これがVRに固有の「VR酔い」である。センサーの遅延と描画の遅延を足したものが、HMDの

映像表示の遅れになる。HMD の応用が立ち上がった 1990 年代は、コンピュータの描画性能やセンサーシステムの性能が必ずしも高くなかったので、この VR 酔いが深刻な問題であったが、現代の HMD ではかなり解決されている。

　一方、バーチャル空間の中で飛行するような映像を HMD やプロジェクション型 VR で見ると、前述の視覚誘導性自己運動の効果で、自分が動いていると感じる。しかし、映像だけでは前庭覚刺激が起きないので、脳は混乱する。実世界における船酔いの逆である。その対策として、人が乗った床を揺動させるモーションベースが用いられてきた。モーションベースは床全体をアクチュエータで揺動させる装置であり、ドライビングシミュレータやフライトシミュレータにおいてすでに実用化されている [6-2]。モーションベースの上に、飛行機や自動車の操縦席をまるごと載せて、傾けることによって、飛行機や自動車が動いた際に発生する加速度を提示する。これらのシミュレータには、6 本の直動アクチュエータが並列に設置されたスチュワート・プラットフォームという機構が一般に使われる。3 章でも述べたように、このようなパラレルリンク機構は、大きな可搬重量が得られるので、コクピットをそのまま載せて動かすような用途に適している。一方、可動範囲が限られるという制約がある。そのため、これが搭乗者を物理的に動かせる範囲は限られているので、完全に実世界と同じ前庭覚刺激にはならないが、操作入力を加えた瞬間に発生する前庭覚刺激を提示するだけでも大きな効果があることが知られている。一旦加速度を提示した後は、次の加速度提示に備えて、搭乗者を元の位置にもどさないといけない。この過程は、搭乗者に気づかれないように、三半規管の閾値以下の速度で戻すというウォッシュバックという制御手法が用いられる。また、連続して発生する加速度も床を傾けて重力加速度の一部を並進加速度と錯覚させるテクニックも確立している。

6-2 モーションベースによる身体感覚の拡張

モーションベースが発生する加速度は、単に前庭覚に刺激を与えるだけでなく、物理現象として体全体の各部位に見かけの力を発生させる。したがって、その見かけの力を深部感覚が知覚する。すなわち、モーションベースは前庭覚ディスプレイであるだけでなく、ハプティック・インタフェースでもある。この深部感覚の刺激が移動感覚を高める。現存する乗り物の加速度を模擬する技術はすでに完成の域に達しているが、VRでは実世界ではあり得ない乗り物を定義することも可能である。その加速度をモーションベースで提示すれば、人間の身体感覚を変容させるポテンシャルがあると考えられる。例えば、自身の体が拡大されたり縮小されたりする感覚はVRならではの効果であり、アート作品としてのテーマにもなる。本章では、このようなモーションベースの使い道を紹介する。

筆者は、1996年にモーションベースの技術を用いた"Cross-active System"と名付けたアート作品を制作した[6-3]。このシステムにおいては2人の参加者の内、一人がモーションベースの上に乗り、もう一人が磁気センサー付きの小型ビデオカメラをもつ（図6-1）。このカメラの映像はモーションベース上の人のHMDに映り、カメラの動きに合わせてモーションベースが動く。すなわち、モーションベースの搭乗者は自分が小人になって、カメラを持った人の指先で振り回されているような感覚を得る。このモーションベースは電動モーターで駆動される直動アクチュエータを3本並列に配し、椅子の下に納まるように小型化した設計になっている。上下の並進と、ロールとピッチの回転の自由度を持つ。椅子の座面を回転中心に揺動するので、ロールとピッチの回転運動をすると、並進の移動も合わせて発生し、大きな前庭覚刺激を与えることができる。6自由度の加速度をすべて提示する揺動機構はスチュワート・プラットフォームのような非常に複雑な機構になるが、ロールとピッチだけならジンバルのような簡易な機構でも実装でき、提示する刺激が大きいので、モーションベースを設計する際はこの自由度に着目するのは意義がある。

➡第6章　モーションベース

　この作品の名前にインタラクティブ（interactive）ではなくて Cross-active と名前を付けたのは、この動作入力と感覚フィードバックのずれが参加者同士のコミュニケーションを生むことを意味している。自分が小人になって人に操られる、という体験は自分というものの自己認識を新たに定義することになる。この点が芸術的観点から高く評価され、メディアアートの分野で世界最大のコンペティションである Prix Ars Electronica において Honorary Mentions を受賞した。

　モーションベースの技術を用いたもう一つ作品である「メディアビークル」を 2005 年に制作した [6-4]。メディアビークルは車輪付き脚機構の上に、全周映像提示機能をもカプセルが乗り、搭乗者はこのカプセルの中に入る（図 6-2）。車輪付き脚機構は、各脚の角度を制御することによって上下の並進とロールとピッチの回転運動を発生する。各車輪は任意の方向に操舵する機能を持たせてあり、メディアビークルを前後左右に

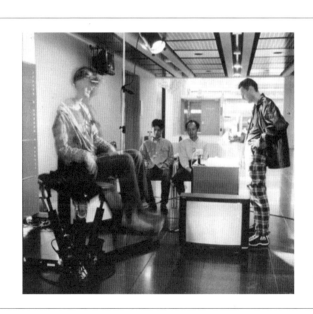

〔図 6-1〕Cross-active System

移動するとともに、ヨー回転を行うことができる。車輪は無限に回転することができるので、前後左右とヨー回転は、無限の可動範囲を有する。

　この車輪付き脚機構と全周映像ディスプレイの組み合わせは、VR端末と自動車の融合を意味する。バーチャル世界を体験する機能と実世界を移動する機能を同時に実現しているわけである。自動運転の実用化が進んだ社会においては、移動手段とVR端末の合体は現実のものになるであろう。

　メディアビークルは、搭乗者に与える映像情報と揺動運動の与え方によって、様々な体験を作り出すことができる。例えば、センサー付きカメラヘッドを、メディアビークルの外にいる人が持てば、前述のCross-active Systemと同じ効果が得られる。また、カメラヘッドをシャシー下部に付ければ低い目線になり、揺動と組み合わせることによって、うさ

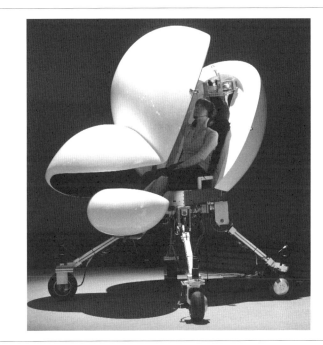

〔図6-2〕メディアビークル

ぎ等の小動物の動きを体験することができる。

　このメディアビークルは 2007 年に日本科学未来館で、2011 年にオーストリアの Ars Electronica Center で長期展示を行った。

6−3　Big Robot プロジェクト

① Big Robot のコンセプト

　前述の Cross-active System とメディアビークルは、いずれも自身の体が小さくなった体験をもたらすものであった。一方、Big Robot はその逆で自身の体が巨人になった体験をもたらすことを目指したプロジェクトである。Cross-active System とメディアビークルのセンサー付きカメラヘッドをドローンに付けて飛ばせば、鳥になったような感覚が得られるが、Big Robot は実際に巨大ロボットを作り、その上部に人が立ち、巨人が歩く際に発生する加速度を全身で受けることを目指している。つまり、搭乗者の歩行動作検出し、それを拡大して体に加速度を与える機能を実現する。加速度を与えるという点において Big Robot はモーションベースである。Cross-active System とメディアビークルでは、搭乗者は座位で体験したが、Big Robot では搭乗者は立位で、実際に歩行動作をする。それだけ多くの感覚フィードバックを得ることになる。

　自分の体が大きくなったときの移動感覚は、それだけ大きな加速度を提示する必要があり、モーションベースの可動範囲は相応に大きくなければならない。一般のシミュレータに用いられるモーションベースでは、前述のように、次の加速度提示に備えてウォッシュバックをしなければならないが、歩行動作のように連続して起こる現象には、それをやる時間がない。したがって、提示しようとする巨人と同じ大きさの移動ロボットを用意し、巨人が歩行するときの頭部の移動軌跡を再現することが理想的な加速度提示になる。これが、歩行移動型モーションベースの設計思想の原点になる。このロボットの頭部に人が乗れば、加速度だけでなく、視覚情報も巨人と同じ高さになり、前進時に受ける空気の流れも皮膚感覚として感じることができる。したがって、BigRobot は単なるモーションベースではなく、統合的な感覚ディスプレイといえる。

　巨大ロボットは、搭乗者に感覚刺激を与えるだけでなく、それを外で見ている人にも強い印象を与えるので、芸術的な表現の対象となってきた。例えば、体長 4m で車輪付き脚機構を有する KURATAS は、第 16 回文化庁メディア芸術祭で優秀賞を受賞している [6-5]。また、スケルト

ニクスはアクチュエータを用いないリンク機構で人間の動作を 1.5 倍に拡大する。これも第 17 回文化庁メディア芸術祭で審査委員会推薦作品となった [6-6]。フランスのナント市で開発された La Machine は、象や蜘蛛などの形をした巨大構造物に動きをつけたもので、町興しの成功例として知られている [6-7]。我が国でも 2019 年までに実物大のガンダムに動きを付けようとする Gundam Global Challenge が進行中で、成功すれば、La Machine よりも大きな経済効果を持つであろう。Big Robot プロジェクトでもこのような観客効果を狙っており、搭乗者にとっての統合的感覚ディスプレイとしてだけでなく、周りで見ている人にも、巨人が歩いているように感じさせることを設計に取り入れている。

② Big Robot Mk.1 の実装

　このような機能をもつ巨大ロボットを設計する際に、最もストレートな発想は巨人と同じ大きさのヒューマノイドロボットを作ることであるが、動歩行を行う 2 足歩行ロボットにおいて転倒のリスクを完全に排除することはできない。さらに、巨大な 2 足歩行ロボットに動歩行を行わせることは技術的に多くの困難が伴い、人が乗った状態での安全性を確保するまでに至るのは、予想しうる研究期間では不可能であり、開発にかかる費用対効果が非常に低いと言わざるを得ない。

　このような考察のもとに、筆者がとった設計思想は、車輪による移動機構の上に頭部に揺動運動を与えるようなリンク機構を載せるものである。これらの並進と揺動の運動を組み合わせることによって、巨人の頭部の歩行軌跡を再現しようとする発想である。車輪機構を鉄骨で作り、揺動リンクを CFRP で作れば、装置全体の重心を下げることができ、転倒のリスクを回避できる。転倒のリスクを完全に排除するためには、モーターがダウンしたときにでも姿勢が維持できないといけない。そこで、揺動機構の骨格を 1 本の通し柱とし、搭乗者が倒立振子の上に乗るような構成にした。倒立振子の根本に傾斜角を機械的に制限するストッパーを備えれば、モーター出力に関係なく、最大傾斜角が決まる。この倒立振子の付け根をユニバーサルジョイントにし、ロールとピッチの回転を同時に可能にしている。ロールとピッチの回転を決めるアクチュエータ

として、2関節のリンク機構を備えるようにした。このリンク機構において、足首と膝を備える脚に見たてて、観客から巨人が歩いているように見える効果を狙った。ロールとピッチの回転を与えるモータは足首の位置に備えた。車輪を回転させるモータも左右それぞれ独立に備え、これらの差動で方向変換ができるようにしている。これらのモータとその制御装置はすべて車輪機構の鉄骨に固定されており、重量物の自重は車輪が支えるような設計にした。

　最初の試作機 Big Robot Mk.1 は、この設計思想の妥当性を確認することを目的とし、体長5mのものを作った（図6-3）。したがって、人間の体を3倍に拡大したものになる。巨人の頭部歩行軌跡は、人の歩行時の頭部軌跡をモーションキャプチャしたデータを3倍して求めている。揺動機構の可動範囲はこれをカバーできるように定めた。具体的にはピッチが0〜20度で、ロールが±5度である。揺動と並進に使用したモータは、

〔図6-3〕Big Robot Mk.1

主に電気自動車用に使用されるワコー技研製ACサーボモータである。

搭乗者は高さ3.2mの位置にある台の上に立ち、上体を高所作業用のハーネスで支柱に固定する。歩行動作は搭乗台にタッチスイッチを付けて検出している。将来的にはこれがロコモーション・インタフェースになるが、揺動部の重量を軽くするために、この部分は簡略化している。Big Robot Mk.1はCFRP製の腕を備えている。この腕にはアクチュエータは付いておらず、搭乗者が自分の腕の自力で動かす。これは歩行運動時の腕振りの際に、巨人の腕の慣性質量を感じさせることを狙っている。

Big Robot Mk.1は2015年3月に実装を開始したが、同年のArs Electronica Festivalに招待展示を依頼された[6-8]。開発途上であったため、体験者は一部の招待客に限定した。体験者は搭乗台の上に立った時点で、一様に恐怖心を感じたが、数歩分前進すると強い高揚感を感じていた。会場はリンツ駅に隣接した郵便貨物集配場の跡地を使った、広大なスペースで、Big Robot Mk.1が歩き始めると、通行人が周囲を取り囲み、観客効果が十分確認できた（図6-4）。同年11月には開発が完了し、一般の体験者を乗せられるようになり、つくばメディアアートフェスティバル（11

〔図6-4〕Ars Electronica Festivalにおける展示

月28日〜12月6日、茨城県つくば市、つくば美術館）において、展示を行った。期間中に4回試乗会を設け、合計59名が体験することができた。

③ Big Robot Mk.1A の実装

　最初の試作機 BigRobot Mk.1 を展示した結果、いくつかの問題点が明らかになった。機能上の問題は、車輪機構を支持する鉄骨の剛性不足であった。揺動用のモーターが先端に付いているため、モーターの発生する揺動力を梁の先端で受けることになる。それを支える鉄骨のねじり剛性が不十分であり、揺動運動の性能を低下させていた。

　次に、展示を行うときの搬入出の際に、構造部材をすべて分解しなければならないことが問題であった。分解組み立てを行う度に細かな調整が必要であり、手間がかかるだけでなくマシントラブルの原因にもなっていた。分解しなければならないのは、転倒防止のために、車輪機構のホイールベースとトレッドをそれぞれ3mと大きくとっていたため、これをそのままトラックに載せることができなかった。

　これらの問題を解決するために、BigRobot Mk.1 の改修を行った。最も大きな変更箇所は、分解しなくてもトラック輸送ができるように、基本構造体の全幅を2.5mにしたことである。転倒防止のために、動輪の後ろに展開式のアウトリガーを付け、その先端に全方向車輪オムニホイールを付けた。これを展開するとホイールベースとトレッドは実質的に改修前と同じく、それぞれ3mになる。図6-5は改修後の Big Robot Mk.1A の全景である。

　揺動モーター支持部の剛性確保のために、モーター取り付け部を、鉄骨の先端ではなく、直方体の鉄骨構造体の内部にし、片持ち梁にならないようにした。また、分解しなくても、そのまま海上コンテナに積めるように、中央部支柱を、折り畳み式にし、最上部の高さが海上コンテナの高さ制限以下となる2.3mに収まるようにした。海上コンテナにそのまま積載できるようにしたのは、BigRobot を SIGGRAPH 2016 で展示するためである。これは、2016年7月24日から28日にかけて米国アナハイム市にある Anaheim Convention Center にて行われた。5日間の会期中、連続運転を行い、合計205人に体験させることができた。

④ Big Robot の展示評価

　Big Robot Mk.1 と Mk.1A を、それぞれつくばメディアアートフェスティバルと SIGGRAPH 2016 で展示を行った際に、搭乗者に質問紙への回答を依頼した。各質問に 0 点から 10 点の 11 段階にて回答させた。質問項目は以下のとおりである。

1. 巨人になった感じがしたか
　（しなかった / 巨人になった感じがした）
2. 歩行に違和感はあったか
　（なかった / 違和感があった）
3. 動作中の装置の安定感
　（不安定だった / 安定していた）
4. 自分の歩き出しの動作に対しての装置の反応
　（追従していなかった / 追従していた）
5. 一歩の大きさ
　（予想より小さかった / 予想より大きかった）
6. 装置の傾き
　（予想より傾かなかった / 予想より大きく傾いた）
7. 一歩の速さ
　（予想より遅かった / 予想より速かった）
8. 安全への配慮を感じたか
　（感じなかった / 感じた）
9. 搭乗した際怖さを感じたか
　（感じなかった / 感じた）
10. もう一度乗ってみたいと思うか
　（思わない / 思う）
11. 友人に搭乗体験を勧めるか
　（勧めない / 勧める）

　この質問紙に、つくばメディアアートフェスティバルでは 59 名が、SIGGRAPH 2016 では 205 名が回答した。その集計結果が図 6-6 である。

〔図6-5〕BigRobot Mk.1A

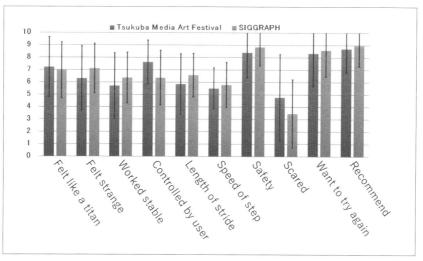

〔図6-6〕つくばメディアアートフェスティバルとSIGGRAPH 2016における
アンケート結果

つくばメディアアートフェスティバルの参加者はつくば市周辺の一般市民であり、SIGGRAPH 2016 の参加者は米国を中心に世界各地から集まった人々である。両者の間の地理的・文化的ダイバーシティは非常に大きいが、各質問項目に対する評定はほぼ同じ値になった。これは、Big Robot が多様なバックグラウンドを持つ人々に対して、共通の効果を持っていることを示している。

質問項目の中で比較的評定値が高かったのは、「もう一度乗りたい」「人に勧める」「安全面への配慮」であった。多くの搭乗者が体験を楽しんでいたことがわかる。次に、「巨人になった感じ」「歩行動作に対する応答」の評定値が高く、歩行感覚の拡張が概ね狙いどおりだったことがわかる。そして、評定値が最も低かったのは「恐怖を感じた」であり、BigRobot の設計の出発点である安全性の確保が、体験者の主観評価においても成功したことが確認できた。

この質問紙には、自由記述欄も設けていた。つくばメディアアートフェスティバルでは、「もっとたくさん歩きたい」(5件)、「音や振動があるともっとよい」(3件) などがあった。本装置に使っているモーターが電気自動車用であり、動作音がほとんどしないことが、かえって不満だったようである。SIGGRAPH 2016 では、腕に関する感想が多く、「腕が重い」という意見が9件に上り、一方で「腕の重さが適切」という意見も3件あった。腕が重いと感じた理由としては、足の動きに対する抵抗力を提示していないので、相対的に腕が重いと感じたことが考えられる。「足に対するフィードバックがほしい」という意見も3件あった。これは、巨人にふさわしい抵抗力を発生するロコモーション・インタフェースが必要であることを示している。

Big Robot の試作機は、公開展示だけでなく、これの格納庫である筑波大学エンパワースタジオを訪れる多数の来客に対しても搭乗させている。それらの体験者から、「下にいる人を踏みつぶしたい」「つまみ上げて食べたい」といった過激な感想を聞くことができた。本装置は身体感覚を拡張することによって、人間の精神性にまで影響を与えるポテンシ

ャルがあるのではないかと予想される。その点において、芸術的な表現としての意義があると考えられる。

　Big Robot は人間自体の研究ツールとしても可能性がある。第 3 章でも述べたように J.J.Gibson は生態学的視覚論において、生物は自身の体と環境の相互作用によって外界を認識していることを指摘している。したがって、その拠り所となる身体感覚が巨大化すれば、外界の認識の仕方も変わるはずである。心理学の世界では、逆さ眼鏡のように、視覚入力を変容させることによって、人間の外界認識のメカニズムが研究されてきた。同様に身体感覚を変容させるツールがあれば、別の視点から人間の外界認識のメカニズムに関する研究ができるはずである。それも Big Robot の将来性の一つである。

⑤ Big Robot Mk.2 ― 変形機能への挑戦

　Big Robot に変形機能を導入した Mk.2 の開発を進めている。変形機能は日本のロボットアニメでは定番であるが、実際に移動可能な巨大ロボットとして実現することは、大いなるチャレンジである。実装を目指したのは、マクロスのような、ファイター形態 ⇔ ガウォーク形態 ⇔ バトロイド形態の変形機能である。巨大ロボットの変形は大いに観客効果が期待できるが、実用的な意味もある。歩行時には人型のバトロイド形態であるが、格納時には全体を折り畳んだファイター形態のようにコンパクトな方が望ましく、エンパワースタジオの搬入出口から外に出して走らせるためには必須である。また、ファイター形態とバトロイド形態の中間にあたるガウォーク形態は、ティラノザウルスのような恐竜の形態に近く、人間以外の巨大生物の歩行感覚を模擬することも可能になる（図 6-7）。

　このような変形機能を持ち、転ばずに移動可能なロボットを設計した。基本は、Mk.1 と同様に重心位置を極力下げることである。そのため、主な姿勢制御と移動に用いるアクチュエータを足の部分に搭載し、空中を移動する足首から上の部分を極力軽くする方針とした。具体的には足部の上に、足首と膝の駆動軸を載せ、これらの回転角を制御することによって、骨盤の両端の位置を与え、骨盤の位置とヨー角・ロール角の姿勢を決定するようにした。大腿部の付け根と骨盤はユニバーサルジョイ

ントで接続し、さらに骨盤の長さが変化できるように摺動軸を備えた。この摺動軸が必要なのは、脚の足首と膝の関節が地面に垂直な平面内だけを動くので、姿勢によって大腿部の付け根の間の距離が変化するためである。

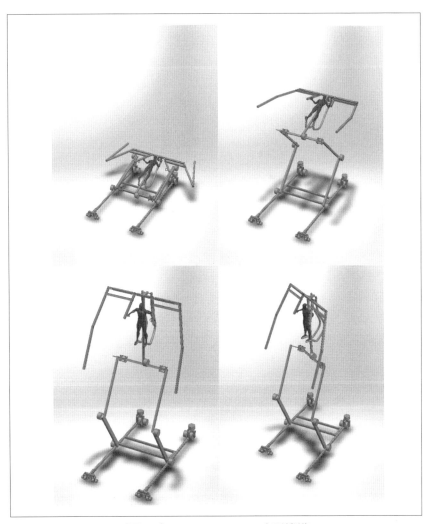

〔図6-7〕BigRobot Mk.2 の変形機構

骨盤の中央に背骨のピッチ角を決める回転軸アクチュエータを載せ、これらのアクチュエータを制御することによって、搭乗者に6自由度の位置と姿勢の変化を与える。脚部と腰部のモーターには、電源を喪失しても、機械的にブレーキがかかる機種を採用し、転倒を防いでいる。足部には全方向車輪を搭載し、任意方向にすり足で移動できるようにした。これらの自由度を駆使すると、任意の高さと姿勢で歩行することが可能になる。さらに、搭乗者の歩行動作に対する抵抗力を発生するロコモーション・インタフェースも搭載した。試作したBigRobot Mk.2は立ち上がると体長が8mに及ぶ（図6-8）。今後の巨大ロボット研究の有力なプラットフォームになるであろう。

〔図6-8〕BigRobot Mk.2の全景

6－4　ワイヤー駆動モーションベース

　5章で紹介したLarge Spaceは、その大空間の内部を人は実際に飛行できるようなモーションベースを備えている[5-10]。モーションベースの可動範囲が大きくなると、リンク機構で実装するとそれ自体の自重が非常に大きくなり、実装が困難になる。KUKA社の大型産業用ロボットを用いて、半径4m程度の球状内部を移動できるものがドイツのマックスプランク研究所で開発された例があるが、これだとロボットアームの本体が床を占有してしまい、多用途性を特徴とするLarge Spaceには向かない。

　そこで、ワイヤーの張力によって人を吊り下げて飛行させるモーションベースを構想した。ワイヤーの張力を用いる方法は、リンク機構に比べて構造がシンプルで大幅な軽量化が可能である。このメリットを活かして、ハプティック・インタフェースとして使われた例も多い。東工大のSPIDARのように指先にサックをはめて、それに糸を付け、プーリーで巻き取り糸の長さを制御することによって、指先に反力を与える。糸は細いのでプロジェクション型VRと組み合わせたときに、投影光を妨げないというメリットもある。一方で、糸は張力しか出せないので、全方向の反力を提示しようとすると反対方向からも糸で引かなければならず、その引き回しが難しいという欠点がある。

　しかし、Large Spaceの内部空間で人が飛行する場合には、上方から吊り上げるだけでよく、下から引っ張る必要はない。したがって、ワイヤー巻き取り装置をトラスの上部にすべて取り付けることができる。本装置は体験者が吊り下げられるY字型のベースに6本のワイヤーを接続している。これはスチュワート・プラットフォームと同じ原理で6自由度の位置と姿勢を制御することが可能である。床からのびる直動アクチュエータの替わりに、天井からワイヤーで吊るしたものである。ただし、この配置だと中央付近の上部では、荷重を支えるのに大きな張力が必要になってしまうので、中心部で荷重を支えるための専用ワイヤーを配し、合計7本のワイヤーで搭乗者を支える（図6-9）。

　多くの前庭感覚提示装置の搭乗部が椅子に座る乗り物型であるのに対し、本装置では歩行リハビリテーションに用いられる免荷用ハーネスを

体験者とベースの固定に使用する。これにより体験者は飛行中に自由に手足を動かすことが可能になる（図6-10）。したがって、新たなスポーツを定義するなど、従来のモーションベースにはなかった使い道を開拓することが可能である。

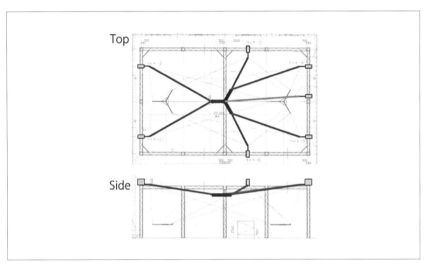

〔図6-9〕Large Space のワイヤー駆動モーションベースの構造

〔図6-10〕ワイヤー駆動モーションベースで飛行中の様子

第7章

VRの応用と展望

7－1　視聴覚以外のコンテンツはどうやって作るか？

　VRを何かに応用する場合、そのコンテンツをどうやって作るかということが問題になる。HMDに表示する映像のCGをどうやって作るかに関しては、UnityやUnreal Engineなどのツールが普及しており、かなりリアリティの高いシーンでも容易に記述できるようになってきている。映像に音を組み込むのもサポートされている。これらのツールがHMD普及の原動力となっているとも言えるだろう。

　一方本書で紹介してきた視聴覚以外の感覚情報のコンテンツをどうするかという問題は、まったく違った話になる。視覚情報であれば最終出力がピクセルであることが決まっているので、そのピクセルに与えるデータを作る手法として、様々な映像制作のツールが普及している。しかし、2章の冒頭で述べたように、人間がピクセルとインタラクションするだけでは、人間の行動が大きく制限されることになる。ピクセルに閉じた世界をどうやって超えるか、がコンピュータと人のインタラクションに関する研究分野の最も重要な課題である。本書は人間の感覚モダリティを切り口に、ピクセルの外の世界をどうやって作るかを議論してきた。本書で紹介してきたVR装置は、主に人の体性感覚と前庭覚に合成情報を提示するものである。これらの感覚情報を作ることは、体性感覚や前庭覚を刺激する物理現象そのものを作り出すことになる。ここがピクセルにデータを書き込むことと大きく異なっている。

　ただし、VRにおけるコンテンツ作成の出発点は感覚モダリティの違いにかかわらず同じである。それはバーチャル世界に存在するものをデータとして記述することである。物には形、色、硬さ、重さといった様々な属性があるが、それらをデータとして定義しなければならない。そして、それらの物が動いたときにどのような挙動をとるかも記述する必要がある。たとえば、物を投げれば放物線を描いて飛び、それが壁に当たれば跳ね返る。これらの挙動は物理法則に従って記述することができる。これらの記述はバーチャル世界の「モデリング」と呼ばれる。物の形や色であれば、前述のUnityやUnreal Engineなどのツールを用いて記述することができる。VRのコンテンツ制作者がモデリングから行うこと

もあるが、すでにCADで記述された立体をVRで可視化するという事例もある。

　モデリングが完成すると、次にそれを人の感覚器官に対する刺激情報に変換する。これを「レンダリング」という。この言葉は従来CGの世界で用いられてきた。モデルに基づいてピクセルに出すデータを決める処理がCGにおけるレンダリングである。視覚効果を高めるための様々なレンダリング手法が開発されてきた。それらの代表的な手法は多くの映像制作ツールがサポートしている。

　このレンダリングは感覚モダリティによって異なる。さらに、同じ感覚モダリティでも提示デバイスが異なればレンダリングの仕方も異なる。ハプティクスの研究領域では、深部感覚を生成するレンダリング手法が研究されてきた [7-1]。ハプティック・インタフェースの形態が多様であることは3章で紹介したが、その中で実用化が最も進んでいる道具媒介型ハプティック・インタフェースにおけるレンダリング手法を代表例として説明する。ハプティック・インタフェースが生成する感覚情報は、バーチャル物体に触れたときに発生する反力である。触れるという動作をセンサーが検出して、その動作に対応する反力を求めるのがレンダリングで行う処理である。視覚情報であれば、人の目とは無関係にピクセルにデータを書き込めばよいが、ハプティクスは体の動作と不可分である。反力の求め方にはいろいろあるが、最もシンプルなものは「バネモデル」と呼ばれるものである（図7-1）。バーチャル物体の中にバネを仕掛けた状態を定義し、その表面から手先がめり込んだ量に比例して反力を生成する。めり込んだ量は、そのバーチャル物体の形状を定義したモデルの表面と、そのときの手先の位置の差から求められる。生成すべき反力Fは、よく知られたフックの法則に基づいて、バネ定数 k にめり込み量 x をかけ合わせたものである。

$$F = kx$$

　操作者はFを受けることによって、そこにバーチャル物体の面が存在することを感じる。そして、そのバーチャル物体が硬ければバネ定数 k

が大きく、軟らかければ小さい。硬い物体は大きな力を加えてもへこまないが、軟らかい物体はわずかな力でへこむ。この現象をバネモデルは表現している。

　バーチャル物体が変形しない場合は、その表面は固定であるが、軟らかい物体には変形が起こる。力を加えたときにどのような変形が起きるかを予測する手法として、有限要素法が確立している。これは物体を小さな領域に分割し、それぞれにバネを仕込んだモデルである。計算は複雑であるが、変形後の形と手に加わる反力を求めることができる。有限要素法のプログラムはパッケージ化されているものがあり、VRのコンテンツに組み込むことも可能である。

　バネモデルは道具媒介型だけでなくエグゾスケルトンにも適用できる。道具媒介型とエグゾスケルトンはアクチュエータが発生する力が体に達するまでの経路が異なるだけで、反力の求め方は同じである。また、バネモデルは手だけでなく、足に対しても使うことが可能である。4章で紹介したロボットタイルは昇降機構を備えているが、これを用いて足がぬかるみにめり込んだような感触を表現することが可能である。バーチャルな地面に対してロボットタイルのトッププレートがめり込んだ量を計測し、反力を生成することによって足がぬかるみにはまった感触を

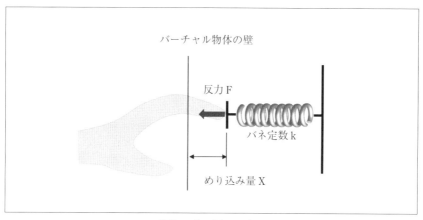

〔図7-1〕バネモデル

提示することができる。ただし、ぬかるみのように粘り気のある物体を表現する場合は、バーチャル物体の中にバネだけでなくダンパーが必要である。ダンパーは変形の速さに比例した抵抗力を発生するものであり、ゆっくりした変形では抵抗力が小さいが、素早く変形させようとすると大きな抵抗力を感じることになる。これが主観的には粘っこさになる。ダンパーの発生する抵抗力は、めり込み量xの時間微分に、粘性減衰係数cをかけ合わせたものになる。

$$F = kx - c\frac{dx}{dt}$$

　一方、対象指向型ハプティック・インタフェースではレンダリングの状況は大きくことなる。3章で紹介したFEELEXやVoflexでは、バーチャル物体の表面がデバイスの表面と一致する。したがって、対象指向型ではデバイスの表面形状を作るアクチュエータに位置情報を与えることがレンダリングになる。位置情報は、FEELEXではロッドの長さが決め、Voflexではバルーンの体積が決める。そして、硬さの表現は人がデバイス表面に加えた力を測り、へこむはずの位置にデバイスの表面を下げる制御をかけることになる。道具媒介型ではxを測ってFを出力したが、対象指向型ではFを測ってxを出力することになる。

　バーチャル物体の挙動が複雑になると上記のバネモデルでは正確な表現が難しい。たとえば、Food Simulatorでせんべいやチーズを噛んだときの歯ごたえを提示するためには、クラッカーが砕けたり、チーズを噛み切るときの現象を再現しなければならないが、それを数式的に行うのは困難である。そのような場合、数式ではなく実物の食品を噛んだときの力を計測して、それをデバイスで再現するという手法が有効である。視覚情報の場合、シーンが複雑になるとポリゴンで記述することに限界があるので、それに代わって実写の写真や映像をバーチャル世界に取り込むことが行われてきた。複合現実感（Mixed Reality）の手法である。ハプティックにおいても現実世界で起こる物理現象を計測して、バーチャルな感触を生成することが可能である。

Food Simulatorのコンテンツとなるバーチャル食物のリアルな食感を表現するために、実物の食品を噛んだときに歯が加える力を計測している。咬合力の計測は、実物の食品とフィルム状の力センサーをいっしょに噛むことによって行う。この計測法に関しては食品総合研究所で研究が行われてきており、本装置でも同様の手法を採用している。計測された咬合力に基づいて、3章で紹介したハプティック・インタフェースのリンク機構を制御する。

①硬い食品の提示手法

　硬い食品の典型例としてクラッカーをとり上げる。クラッカーを噛んだときに計測された咬合力の時間変化には二つのピークがあり、最初のピークは表面が割れるときに相当し、次のピークはクラッカー内部が壊れる過程に相当する（図7-2）。クラッカーの食感を模擬する場合は、噛む力が最初のピーク値に達するまで、Food Simulatorは歯の当たる位置を維持する。これは硬い表面があることを表現している。噛む力が最初のピーク値を超えたことが計測されると、それ以降の力は計測結果と同じものが出力される。この過程はクラッカーが壊れるときの歯応えを再

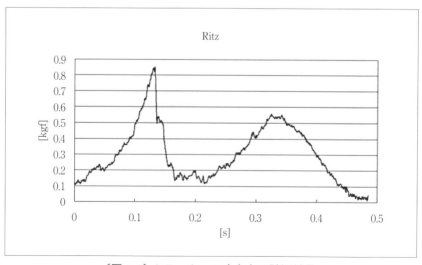

〔図7-2〕クラッカーの咬合力の計測結果

現している。
②柔らかい食品の提示手法
　柔らかい食品の典型例として、チーズをとり上げる。チーズを噛んだときの咬合力の時間変化を計測すると、チーズが弾性変形する様子がわかる（図7-3）。チーズの食感を模擬する場合は、弾性変形が起こるようにFood Simulatorを動かす。咬合力の勾配からチーズのバネ定数を求め、それに基づいて抵抗力を発生する。噛む力のピーク値を超えたことが計測されると、それ以降の力は計測結果と同じものが出力される。この過程はチーズがちぎれるときの歯応えを再現している。

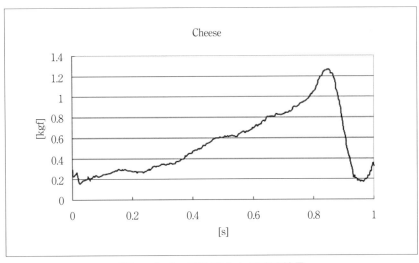

〔図7-3〕チーズの咬合力の計測結果

7-2　期待される応用分野

　VRを世界に先駆けて産業応用したのは松下電工（当時）であった[7-2]。1990年代初頭のことである。注文生産のシステムキッチンは、それが出来上がってくるまでは使い勝手がわからないという問題があった。VRを用いてシステムキッチンをバーチャル空間で体験できれば、実際にそれを作る前に、見栄えを確認したり、不具合を発見することができる。このような生産過程の合理化は、現在では特に自動車産業で進んでおり、内外装のデザインの確認にVRを使用し、試作コストを大幅に低減している。

　さらにVRが本領を発揮するのは、現実世界では体験が困難なものである。典型的な例が災害時の避難シミュレーションである。避難行動の研究を行う際に、実世界で意図的に災害を起こし、そこを被験者が逃げるという実験を行うのは非現実的である。筆者は4章で紹介したように船舶技術研究所（当時）と共同で、船舶火災における乗客の避難行動の研究ツールとして、VRシステムを開発した。巨大災害が喫緊の問題となっている今日では、避難行動の訓練や研究へのVRの応用は大いに期待される。危険のバーチャル体験という面では、産業安全の分野で、足場からの落下などを、VRを用いて再現するという取り組みが進められている。

①医療

　現在のところVRの応用が最もシリアスに検討されているのは、医療分野であるといえる。VRシステムの研究開発が本格化した90年代後半から、この分野への応用は研究が続けられてきた。医療分野の応用は大きく分けて二つの方向性をもっている。一つは手術のシミュレータ等に代表される、医療情報システムの高度化である。手術シミュレータの開発が進められるようになったのは、力覚フィードバックの技術が一般化し始めた時期と一致する。手術には触覚が不可欠であるのは言うまでもない。そして、もう一つの方向性は患者のアメニティの向上である。後者の方はあまり知られていないかもしれないが、患者の情報環境を豊かにすることによって心理面からケアしようとするものである。

筆者がVRの研究を始めた80年代後半においては、医療分野は応用が最も難しいものの一つであろうと考えていた。バーチャル物体をいかに本物に近づけるかに腐心していた当時（現在でもその目標は依然として大きな存在であるが）、手術のシミュレータなどとても実用に足るものはできそうもないと思っていたからである。しかし、90年代に入ってから、VRに関心をもつ医師の方々とディスカッションを重ねるうちに、いろいろな応用可能性があることが分かってきた。まず、筆者が実際に研究を行った例から紹介すると内視鏡手術のシミュレータがある。内視鏡手術とは、患者の体を切開するかわりに細い管を差し込んで患部だけを処置するというものである。患者にとっては負担が少ないが、医師にとっては難しい手術になる。内視鏡という限られた視野の中で直接触れることのできない臓器を操作しなければならない。そのために訓練用のシミュレータが必要になる。内視鏡手術はもともと医師が得られるリアリティが限られたものであるため、シミュレータを作るのも現実的である。筆者は3章で紹介したHapticMasterを使用した腹腔鏡手術シミュレータをオリンパスと共同で試作した[7-3]。操作者は実物と同じ術具を持ち、CGによって表示された内視鏡画像を見ながらバーチャル臓器を掴んだり切ったりする。このときバーチャル臓器に触れた感触が術具の把持部を通じて手に伝わる。力覚フィードバックは汎用性を求めると実現が極めて困難であるが、目的を絞れば実用可能なものができる。内視鏡手術に限らず、たとえば血管を縫合するとか、眼球の角膜の手術や関節に針をさすシミュレータといったものに力覚フィードバックが導入されている。

　VRがもたらす医療情報の高度化は手術シミュレータだけではない。むしろ、可視化技術に代表されるような医療データの有効利用の方が重要であるともいわれている。すなわち、医療情報のデータベースをネットワークで結んで、高度な支援システムを作ろうとするものである。東京女子医大の伊関洋氏はこのような哲学のもとにバーチャルメディカルセンターというプロジェクトを1990年代に行った[7-4]。このプロジェクトは可視化技術やネットワーク技術を核に、手術支援システムや後述

するアメニティ関連技術を産学共同で開発しようとするものである。伊関氏は、ハイビジョンを用いた医用画像システムの開発を端緒に、CGによって3次元的に再構成されたMRI画像を頭部に位置合わせを行って重畳する手術支援システムを構築し、実際の脳外科手術に使用してきた。このシステムは、手術を行うときに術具を挿入する際の最適経路もスーパーインポーズする機能をもりこんでいた。

筆者はボリュームデータの可触化技術の医療応用というスタンスでこのプロジェクトに参画していた [7-5]。人間の網膜は2次元平面であるため、中身のつまった3Dデータはそのまま可視化したのでは奥行き方向に重なり合ってわかりにくい。一方、人間の力覚は力とトルクを合わせると6次元の情報を感じているため、視覚と力覚を融合することによって、より高い次元のデータを感じとることができる可能性がある。具体的にはボリュームデータの各格子点の値を力やトルクにマッピングすることによって、実空間では触れることのできない場所の感触を与えようという発想である。この方式をMRIやCT等のセンサーによって得られた人体内部のデータに適用すると、手術の前に患部の探索を行うことが可能になる。たとえば頭部のCTデータに基づいて、密度の勾配を力ベクトルにマッピングすると、密度分布が急激に変化する部分で壁のような手応えを感じることができる。また、あるポテンシャル場を定義すると、手術時に術具が危険な領域に触れないような誘導を、力覚を用いて行うことが可能である。

今日では、医療情報の可視化はインフォームドコンセントのツールとして期待されている。患者に対する説明を、VRを用いて体験型で行えば、その効果は大きい。

近年、特に重要性が増してきているのが、外科医の人材育成である。一人前になるのに長い見習い期間が必要である外科医は、今後10年間に深刻な人手不足を迎えると予想されている。この問題に対処するために、筆者は筑波大学の大河内信弘教授を中心とする消化器外科のグループと共同で手術シミュレータの開発を続けている。これは、肝臓の切除手術を対象にしており、右手でCUSAと呼ばれる超音波メスを持ち、左

手で肝臓を掴む。右手用は棒状のデバイスを握るので、ハプティック・インタフェースとしては3章で述べた道具媒介型が使える。超音波によって組織を破砕するので、感覚刺激としては振動が主である。一方左手は直接臓器に触れるので、対象指向型のハプティック・インタフェースが必要になる。そこで実物の肝臓と同じ弾性特性をもつゲルモデルを作り、その中に空気圧バルーンを入れて硬さの制御をするというVolflexの技術を導入している（図7-4）。

　近年、医療画像の技術進歩は著しく、これをVRでインタラクティブに見せると多大な効果が期待できる。教育訓練だけでなく、手術現場の高度化を進める試みも随所で進められている。

　前にも述べたように、医療応用のもう一つの方向として患者のアメニ

〔図7-4〕肝臓手術シミュレータ

ティの向上がある。入院患者は社会生活から隔絶されることによってストレスを受ける。そこで VR を用いればこれを緩和することが可能である。先駆的な取り組みとして、国立小児病院（当時）の二瓶健次氏は長期入院中の子供に動物園に行く疑似体験をさせることを 1990 年代に行っている [7-6]。

②芸術

　医療と並んで筆者が力を入れてきた VR の応用が芸術である。コンピュータグラフィックスは芸術家の表現ツールとしての地位を確保したが、先端的なメディア技術が芸術家の手によって新しい作品形態を生むという現象は多くの例に見ることができる。現代では電子メディアを用いたインタラクティブアートと呼ばれる新しい芸術分野が登場している。この分野に属す作品は観客と作品が相互作用をもつことによってその存在が意義を持つという点において、VR と通じるものがある。インタラクティブアートはその表現形態の特質から通常の美術館における常設には馴染まず、作家が自分で作品を見せるワークショップや、芸術祭等のイベントに発表の場が集中する。この分野における世界最大の展覧会はオーストリアのリンツ市で毎年 9 月に開催される Ars Electronica である。その中心ともいえるのが Prix Ars Electronica という公募展であり、そこにインタラクティブアート部門があるのが大きな特徴である。SIGGRAPH などのデモセッションで体験するのは学会参加者に限られるが、美術館で開催される展覧会では誰もが体験することができる。ピアーと呼ばれる学界のシステムが確立して以来、学界と社会との隔絶が問題になってきて、近年ではアウトリーチに代表されるように科学技術の社会還元が要求されるようになってきている。研究成果をアートして展示することは、科学技術の社会実装として極めて有効である。このような問題意識に加えて、筆者の趣味が現代アートであることもあり、1996 年に Prix Ars Electronica に応募することを思い立った。このときに作った作品が、6 章で紹介したモーションプラットフォームの技術を使って視覚と身体を分離し自己認識を再定義する "Cross‐active System" である。これが Honorary Mentions を受賞した。

本作品の受賞を契機に、続く5年間は Ars Electronica で集中的に活動し、1997年には5章で紹介した、菱形12面体のスクリーンを有する完全没入ディスプレイである "Garnet Vision" が Festival 招待展示、1999年には、3章で紹介した FEELEX の技術を用いて古代生物を再現した "Anomarocaris" が Ars Electronica Center の長期展示に招聘された。さらに Prix Ars Electronica 2001 では "Floating Eye" が Honorary Mentions を受賞した。Floating Eye は、5章で紹介したウェアラブルなドームスクリーンに、飛行船に付けた全周カメラの映像を投影するものであり、自分の目が体を離れて宙を舞う体験をもたらす（図7-5）。このような身体性の変換は、バーチャルリアリティ技術を用いた作品に広く用いられるようになっているが、本作はその嚆矢となるものであろう。

この時期は、日本の著名なメディアアーティストが相次いで受賞しており、1997年には岩井俊雄氏と坂本龍一氏のコラボ作品である "Music Plays Images × Images Play Music" が Golden Nica を受賞し、2003年には明和電機が Distinction を受賞している。1990年代当時は工学系で Ars

〔図7-5〕Floating Eye

Electronica に作品を出す人は筆者以外にはほとんどいなかったが、これが契機となって 2000 年代以降、工学系の若手研究者が続々と芸術活動を行うようになった。

　メディアアート、特にインタラクティブアートの分野では日本人の活躍が世界的にも顕著であり、この流れを踏まえ、筆者は 2004 年に「デバイスアート」を提唱した。デバイスアートとは「あるインタラクションを誘発し、作品と参加者を媒介するインタフェースとしてのデバイスやツールが表現内容そのものとなった作品およびその動向」である。筆者が作ったものの中では、上記の Floating Eye や 4 章で紹介した Robot Tile などが海外の批評家によって代表的な作品として紹介されている。インタフェース・デバイス自体が作品となるデバイスアートは VR に新たな可能性を与えるものであろう。

③スポーツ

　これからの VR のアプリケーションとして最も期待されるのがスポーツであると言っても過言ではない。VR 元年といわれた 2016 年は 2020 年の東京オリンピックに向けての準備が本格的にスタートした時期でもあった。HMD を用いて各種のスポーツを疑似体験する提案は 1990 年代から行われてきた。種目としては、野球、テニス、スキーの事例が多かった。これらに共通するのは、道具を用いることであり、道具を実物と同じものを使えば、リアリティを高めることができる。難しいのは、ボールが当たったときの反力であるが、バットやラケットに、質量がぶつかる機構を付けておけば、何らかの衝撃を感じることができる。今日では映像技術とモーションキャプチャ技術が飛躍的に進歩しているので、たとえば、野球のピッチャーが投げるボールの軌跡の再現などは、実用段階に入りつつある。

　VR は、このようにエンタテイメントとしてのスポーツにおいて有効であるが、トップアスリートのトレーニングに対しても応用できる。筆者は、スポーツ庁の「ハイパフォーマンス・サポート事業」という、オリンピックでメダルが期待される選手の強化を目指すプロジェクトに 2013 年から参画した。当時全日本女子バレーの監督であった真鍋政義

氏の要望で、アタック練習をするときに、外国選手の高いブロックを模擬するロボット「ブロックマシン」を開発することになった。高さで諸外国に劣る日本選手にとって、極めて重要な課題である。真鍋監督がイメージしたのは、ボールの位置に合わせて、人間と同じように動いてブロックするロボットである。筆者がバレー部出身であることもあり、高いモチベーションを持ってこのプロジェクトに挑んだが、開発にあたっては多くの困難を克服しなければならなかった。

　本装置は、原理的には3章で紹介した遭遇型ハプティック・インタフェースであるが、要求される性能は極めて高いものであった。現実のブロッカーは、ボールに合わせて素早く左右に動くのであるが、中央に立つミドルブロッカーが、1.1秒でサイドブロッカーの横まで移動する性能が要求された。両腕は、人間のブロッカーのように様々な角度に伸ばせないといけない。しかも、この複雑な装置を、アタック練習以外のときは、コートの横に置いておいて、アタック練習が始まるときに素早く設置できることも要求された。安全性が確保されることは無論、トラブルフリーで実際の合宿練習で使えないといけなかった。この条件は実用面において今までになく厳しいものであった。

　これを実現するために、コートの幅一杯の9mのレールを作り、その上を、両腕を動かす機構が、3体独立に走行するという設計にした。ボールの追跡も難しく、通常ならばマーカーを付けるところであるが、それは許されなかった。ボールの色情報を使って抽出を行ったが、途中で選手の公式練習着がボールと同じ色になってしまい、安定してボールを追跡するのが困難になった。当時はこの目的に使える距離画像センサーがなかったので、自動的にボールを追跡するのはあきらめ、コーチがタブレット上のUIで、ブロックが飛ぶ位置と時刻を指定する、手動モードを開発した。たとえばサイドアタックであれば、サイドブロッカーとアンテナの隙間と、サイドブロッカーとミドルブロッカーの隙間を指定し、トスが上がってからブロックが完成するまでの時間を指定する。その後、トスが上がった瞬間にスタートボタンを押すと、マシンが指定したとおりの動きをする。センター線の攻撃は打つ位置が多様なので、タ

ブレットの画面にネットを表示し、アタッカーの踏切動作をコーチが見ながら、ブロックを飛ばせる位置を指でタップするというUIにした。

このブロックマシンは、リオデジャネイロ・オリンピックの直前合宿において8日間にわたって使用され、累計稼働時間は6時間、打ったアタックは1503本に上った（図7-6）。女子バレーは残念ながらメダルを逃したが、ブロックマシンは実用化された最高性能のロボットであることは間違いなく、2017 IEEE International Conference on Robotics and Automation（ICRA）において、Best Paper Award on Human-Robot Interactionを受賞した[7-7]。

〔図7-6〕リオデジャネイロ・オリンピック直前合宿で使用中のブロックマシン（コート後方に立つコーチがタブレットを操作している）

④遠隔作業

　VR の研究が立ち上がった 1980 年代に、主たる応用として想定されたのは遠隔作業である。1 章で紹介したテレイグジスタンスは、ロボットの遠隔作業に臨場感を導入するものである。また、NASA の Virtual Environment Display System は、宇宙ステーションにおける遠隔作業を想定し、通信遅延によるロボットアームの応答遅れの対策として、予測位置を CG で表す手法が研究されていた。近年では、ロボットを人と人とのコミュニケーションに使う試みが多くなり、テレイグジスタンスのプロジェクトでは代理人ロボットを開発している。タブレットを車輪機構の上に載せて、実世界を移動できるようにしたテレビ会議システムも市販されるようになっている。

　筆者は港湾技術研究所（当時）との共同研究で、ハプティック・インタフェースを用いた水中バックホウの遠隔操作を行った [7-8]。水中バックホウは、海底の土や石を、ショベルですくったり均したりする建設機

〔図 7-7〕水中バックホウ

械である（図7-7）。通常は潜水士が搭乗して操作するため、過酷な作業環境であり、遠隔操作の必要性があった。さらに、ショベルが海底に当たると水中に土が拡散し、視界が利かなくなる。そのため、ショベルと海底の位置関係を把握するのが困難になる。人間であれば、濁った水の中でも手探りで物を見つけることができるので、その機能を水中バックホウに持たせようというのが、この研究の発想であった。具体的には、ショベル部に力センサーを付け、海底との接触力を計測し、それを海上にいるオペレータにハプティック・インタフェースを用いて伝達する、という手法をとった（図7-8）。これによって、オペレータは海底の位置を腕の深部感覚で知覚することができる。さらに、手探りの結果探し当てた海底の位置をCGによって可視化する「触像」の機能も実現した。このシステムを用いて、沖縄付近の実海域で実証実験を行い、法面（盛り土の斜面）の精度が向上することが確認できた。

〔図7-8〕ハプティック・インタフェースを用いた遠隔操作インタフェース

7-3 VRは社会インフラへ

　科学技術基本計画は、2017年度から第5期に移行した。第5期で大きく取り上げられたのが「超スマート社会」であり、IoTなどの情報技術が表舞台に立つ形になっている。このような超スマート社会において、VRシステムはどうあるべきであろうか。

　筆者はVRの研究が本格化した90年代の初頭に、VRの将来像となるフレームワークを描いた[7-9]。いささか古い図であるが、VRが情報インフラとなる将来像として紹介したい（図7-9）。

　このフレームワークの中央にある「データワールド」とは、我々の社会における情報のコンテンツが集積されたものである。この中にある「自律的ソフトウェアモジュール」は、蓄積された情報を整理したりフ

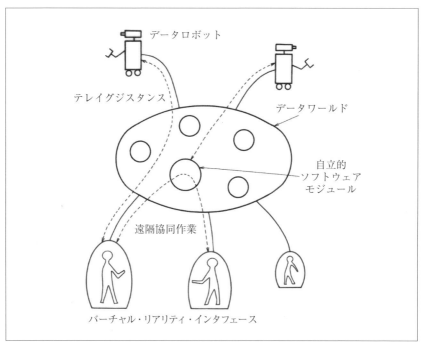

〔図7-9〕超スマート社会における情報インフラ
（日本機械学会誌 Vol.98, No.919（1995）に掲載）

ィルタリングしたり、またシミュレーションを行う。今日的に言えばビッグデータとAIである。このフレームワークの上にある「データロボット」とは各種のセンサーを用いて実世界から情報を収集するロボットである。現代ではドローンが典型的なデータロボットである。また、データロボットはセンサーと通信機能があれば何でもよく、まさにIoTである。このフレームワークの下にある「バーチャルリアリティ・インタフェース」は読んで字のごとくであり、データワールドの情報を、五感を用いてユーザに体験させる。現代では医療分野における手術シミュレータなどが相当する。バーチャルリアリティ・インタフェースをデータロボットに直結すればテレイグジスタンスが可能になり、素情報に触れることや遠隔の人との対話が可能になる。前述のようなディスプレイに車輪を付けた代理人ロボットもデータロボットの一形態である。

この図を描いたのは20年以上前であるが、当時は夢物語であったものが現代では様々な形で実現している[7-10]。たとえば、建設現場や農場ではドローンが撮影した多数の映像から3Dモデルを構築する技術が実用化され、製造業ではドイツが国策として推し進める「インダストリー4.0」のように、IoTが収集したセンサーデータと設計図を合わせて、コンピュータ上で工場を再現しシミュレーションを行い、生産性の向上をねらっている。これらは、データロボットを使ったデータワールドの構築例と言える。3Dモデルが一旦出来上がれば、VRを用いて体験することが可能である。疑似的にでも現場を体験することは、作業の効率向上や安全確保の面で大いに効果がある。

このフレームワークは、今後ますます充実していき、超スマート社会の基盤となる情報インフラを形作るであろう。

7-4 究極のVRとは

　本書では、HMDが普及した後に必須となるキーテクノロジを4つ紹介してきた。最後に、さらにその先にVRがどうなるかを考察しよう。第1章で紹介したアイバン・サザランドは1965年に「究極のディスプレイ」という講演を行い、「本物と同じように見えて、触れて、匂いまでするようなディスプレイができるだろうか」と問題提起を行った。これはまさしくVRの目指すものである。究極のVRは、実物と区別がつかないバーチャル世界であるという定義はありうるだろう。しかし、そのようなものができたら、人は現実と虚構の区別がつかなくなる、という危惧を抱く人も多いだろう。実際、HMDの研究開発投資が続いて、十分な性能向上が実現されれば、見ている世界が現実なのかバーチャルなのかを区別できなくなる可能性は十分にある。しかし、見るだけならばそうかもしれないが、見えるものに触れてみれば現実か否かは確実に識別できる。理由は第2章と第3章で述べたとおりである。したがってVRで現実と虚構の区別ができなくなるという危惧は、触れるという行為によって払拭することができる。VRの目的は、現実ではないとわかっていても、有意義な体験が提供できることである。フライトシミュレータで操縦訓練をやっているパイロットも、自分が本当に飛行機に乗っていると思い込むことはないであろう。それでも操縦技能が獲得できるところにシミュレータの存在意義がある。

　また、HMDが広く普及してくると、体に悪い影響があるのではないか、という危惧を抱く人も多いだろう。実際のところ、悪い影響があるかどうかを実証するのは難しい。医学では、治療方法の効果を検証する手法として、その治療方法を行った人々と行わなかった人々を比べる「ランダム化比較試験」を行う。これは、病気が治る可能性があるから実験できるのであって、悪影響があると予想されるものを実験する訳にはいかない。したがって、悪影響のエビデンスをとることができない。それは、悪影響が無いということも実証できないことになる。これはVRに限らずメディア技術にとって宿命である。現代では広く普及しているテレビというメディアも安全性の実証はできていない。過去に問題が顕在化し

た例としては、アニメのポケモン放送時に、画面の点滅が光過敏症による癲癇を引き起こした事件があった。それ以降、テレビ番組で光の点滅を含むものは、番組の最初に注意書きを出すようになった。おそらくVRでも同様の対応をすることになるであろう。薬が効能と副作用を明記しているように、将来のVRシステム・コンテンツも同様のガイドラインが敷かれるであろう。

　「VR元年」と言われた2016年は、奇しくもAIの3度目のブームと時期が重なった。AIが人間を上まわる、人の仕事を奪う、といった危機感がブームを煽ったとも言えるだろう。AIもロボットも人間の機能の一部を人工的に作り出したものなので、将棋の勝負のように人と対立する構図になりやすい。そのようなある種の恐ろしさが、高い注目を集めていると考えることができる。一方、VRは人と一体化して初めて機能するものなので、対立の構図にはなりえない。また、リアルとバーチャルの区別がつかなくなるようなシンギュラリティが来るかというと、前にも述べたように、それはないであろう。無害であるということは、逆につまらないということになりかねないが、VRはその心配がないくらい刺激的である。特に、本書でも紹介した"Cross-active System"や"Floating Eye"などのように、自分というものの自己認識に揺さぶりをかけるような作品は、ある種の危うささえある。人間は、感覚器官の内と外という境界でもって「自己」を定義するものと捉えることができるが、VRでは自分の行動に対する感覚刺激が爆発的に多様であるために、自己の在り方も変容する。その変容にこそVRの究極を見ることができるだろう。

参考文献
第1章
[1-1] S. Tachi, K. Tanie, K. Komoriya and M. Kaneko, Tele-existence (I): Design and Evaluation of a Visual Display with Sensation of Presence, RoManSy 84 The Fifth CISM-IFToMM Symposium. 1984: 206-215

[1-2] Fisher, S.、et.al. "Virtual Environment Display System", ACM Proceedings of 1986 Workshop of Interactive 3D Graphics (1990)

[1-3] 服部桂、人工現実感の世界、工業調査会 (1991)

[1-4] 日本バーチャルリアリティ学会編、バーチャルリアリティ学、コロナ社 (2011)

第2章
[2-1] 岩村吉晃、神経心理学コレクション タッチ、医学書院 (2001)

[2-2] 伊藤文雄、筋感覚の科学、名古屋大学出版会 (1985)

[2-3] Burdea,G., Force and Touch Feedback for Virtual Reality, Wiley Interscience (1996)

[2-4] 安藤英由樹、渡邊淳司、杉本麻樹、前田太郎、前庭感覚インタフェース技術の理論と応用、情報処理学会論文誌、48 (3)、(2007) pp.1326-1335

第3章
[3-1] Lederman, S.J., and Jones, L.A., Tactile and Haptic Illusions, IEEE Transactions on Haptics, Vol.4, No.4 (2011) pp.273-294

[3-2] Jones, L.A., and Ho, H., Worm and Cool, Large or Small? The Challenge of Thermal Displays, IEEE Transactions on Haptics, Vol.1, No.1 (2008) pp.53-70

[3-3] Brooks,F.P. et.al. "Project GROUPE Haptic Displays for Scientific Visualization" Proc. of SIGGRAPH'90 ACM Computer Graphics Vol.24 No.4 (1990) pp.177-185

[3-4] Iwata,H., Artificial Reality with Force-feedback: Development of Desktop

Virtual Space with Compact Master Manipulator, Proc. of SIGGRAPH'90 ACM Computer Graphics Vol.24 No.4 (1990) pp.165-170

[3-5] Iwata,H., Pen-based Haptic Virtual Environment, Proceedings of VRAIS'93 (IEEE Virtual Reality Annual International Symposium) (1993) pp.287-292

[3-6] Iwata,H., Yano,H., Nakaizumi,F., Kawamura,R., Project FEELEX: Adding Haptic Surface to Graphics, Proceedings of ACM SIGGRAPH 2001 (2001) pp469-475

[3-6] 平田、星野、前田、舘、人工現実感システムにおける物体形状を提示する力触覚ディスプレイ、日本バーチャルリアリティ学会論文集、Vol1. No.1（1996）pp.23-32

[3-7] Iwata,H., et al, Volflex, SIGGRAPH 2005, Emerging Technologies, Conference DVD, (2005)

[3-8] 岩田洋夫、中川博憲、着用型力覚帰還ジョイスティック、Human Interface New and Report, Vol.13,No.2 (1998)

[3-9] 仲田、中村、山下、西原、福井：角運動量変化を利用した力覚提示デバイス、日本バーチャルリアリティ学会論文誌、Vol.6,No.2（2001）

[3-10] 吉江将之、矢野博明、岩田洋夫、ジャイロモーメントを用いた力覚呈示装置、日本バーチャルリアリティ学会論文誌、Vol.7, No.3（2002）pp.329-338

[3-11] T. Amemiya, H. Ando, T. Maeda, "Virtual Force Display: Direction Guidance using Asymmetric Acceleration via Periodic Translational Motion", In Proc. of World Haptics Conference 2005, (2005) pp. 619-622

[3-12] 田辺健、矢野博明、岩田洋夫、2チャンネル振動スピーカを用いた非対称振動による非接地型並進力・回転力提示、日本バーチャルリアリティ学会論文誌、Vol.22,No.1（2017）pp.125-134

[3-13] 村尚弘、森谷哲朗、矢野博明、岩田洋夫、食感呈示装置の開発、日本バーチャルリアリティ学会論文誌、Vol.8 No.4（2003）pp.399-406

[3-13] 鳴海拓志、谷川智洋、梶波崇、廣瀬通孝、メタクッキー：感覚間相互作用を用いた味覚ディスプレイの検討、日本バーチャルリアリテ

イ学会論文誌、Vol.15 No.4（2010）pp.579-588

[3-14] Iwata,H., Feel-through: Augmented Reality with Force Feedback, Mixed Reality: Merging Real and Virtual Worlds, Ohmsha, (1999) pp.215-227

[3-15] L'ecuyer, A., Simulating haptic feedback using vision: A survey of research and applications of pseudo-haptic feedback, Presence: Teleoperators and Virtual Environments, vol.18, no.1, (2009) pp.39-53

[3-16] Insko, B.,E., Passive haptics significantly enhances virtual environments, Doctoral Dissertation, The University of North Carolina at Chapel Hill (2001)

[3-17] James J. Gibson, 生態学的視覚論, サイエンス社 (1985)

第4章

[4-1] Christensen, R., Hollerbach, J.M., Xu, Y., and Meek, S. Inertial force feedback for a locomotion interface. Proc. ASME Dynamic Systems and Control Division, DSC-Vol. 64, (1998), pp.119-126

[4-2] Noma, H., and Miyasato, T. Design for locomotion interface in a large scale virtual environment. ATLAS: ATR Locomotion Interface for Active Self Motion. Proc. ASME Dynamic Systems and Control Division, DSC- Vol. 64, (1998), pp.111-118

[4-3] Brooks,F.P.,Jr. A dynamic graphics system for simulating virtual buildings. Proceedings of the 1986 Workshop on Interactive 3D Graphics(Chapel Hill, NC, October 1986). ACM, pp.9-21

[4-4] Iwata,H. and Fujii,T., Virtual Perambulator: A Novel Interface Device for Locomotion in Virtual Environment, Proc. of IEEE 1996 Virtual Reality Annual International Symposium, (1996), pp.60-65

[4-5] 金湖、他、避難シミュレータ実験による避難者モデルの開発、日本バーチャルリアリティ学会論文誌、Vol.5 No.3（2000）pp.1041-1048

[4-6] Iwata,H., The Trous Treadmill: Realizing Locomotion in VEs, IEEE Computer Graphics and Applications, Vol.9, No.6, (1999) pp.30-35

[4-7] Darken, R.,Cockayne, W.,Carmein,D., The Omni-directional Treadmill: A

Locomotion Device for Virtual Worlds, Proceedings of UIST' 97, 1997

[4-8] Iwata,H., Yano, H., Nakaizumi, F., GaitMater: A Versatile Locomotion Interface for Uneven Virtual Terrain, Proceedings of IEEE Virtual Reality 2001 Conference, (2001) pp.131-137

[4-9] 矢野博明、葛西香里、斉藤秀之、岩田洋夫、歩行感覚呈示装置による遠隔リハビリテーションシステム、日本バーチャルリアリティ学会論文誌、Vol.6, No.4（2001）pp.277-280

[4-10] Iwata,H., Yano, H., Nakaizumi, F., Noma, H., CirculaFloor,, IEEE Computer Graphics and Applications, (2005) pp.64-67

[4-11] Darken, R., Allard, T., and Achille, L. Spatial Orientation and Wayfinding in Large-Scale Virtual Space: An Introduction. PRESENCE , Vol.7 No.2 (1998) pp.101-107

[4-12] Iwata,H. and Yoshida,Y., Path Reproduction Tests Using a Torus treadmill, PRESENCE Vol.8, No.6 (1999) pp.587-597

[4-13] Templeman, J., N., Denbrook, P.,S., Sibert, L.,E., Virtual Locomotion: Walking In Place Through Virtual Environment, PRESENCE Vol.8, No.6 (1999) pp.598-617

[4-14] Templeman, J., N., Sibert, L.,E., Page, R., C., Denbrook, P.,S., Pointman - a new control for simulating tactical infantry movements, Proceedings of IEEE Virtual Reality 2007 Conference, (2007) pp.285-286

[4-15] Lorenzo, M., OSIRIS, SIGGRAPH' 95 Emerging Technologies, Conference Abstracts (1995)

第5章

[5-1] 澤田一哉、多様化する高臨場感没入型視覚ディスプレイ、映像情報メディア学会誌、Vol.53, No.7（1999）

[5-2] Cruz-Neira,C. et.al.; Surround-Screen Projection-Based Virtual Reality, Proceedings of SIGGRAPH 93 (1993)

[5-3] 廣瀬通孝、CABINシステム、映情学誌、Vol.52, No.7（1998）

[5-4] Courchesne, L., Panoscope 360°, SIGGRAPH 2000 Emerging

Technologies, Conference DVD (2000)

[5-5] 國田豊、尾川順子、佐久間敦士、稲見昌彦、前田太郎、舘暲、没入形裸眼立体ディスプレイ TWISTER I の設計と試作、映像情報メディア学会誌、Vol.55, No.5（2001）pp.671-677

[5-6] Iwata,H., Rear-projection-based Full Solid Angle Display Proceedings of ICAT'96 (1996) pp.59-64

[5-7] 橋本渉、岩田洋夫、凸面鏡を用いた球面没入型ディスプレイ：Ensphered Vision、日本バーチャルリアリティ学会論文誌、Vol.4, No.3（1999）

[5-8] 林隆伯、中泉文孝、矢野博明、岩田洋夫、複数プロジェクタを用いた立体視可能な全周球面没入型ディスプレイの開発、日本バーチャルリアリティ学会論文誌、Vol.10, No.2（2005）pp.163-171

[5-9] 岩田洋夫、背面投射全周球面ディスプレイ、日本バーチャルリアリティ学会論文誌、Vol.13, No.3、（2008）pp.333-342

[5-10] 髙鳥光、圓崎祐貴、矢野博明、岩田洋夫、大規模没入ディスプレイ LargeSpace の開発、日本バーチャルリアリティ学会論文誌、Vol.21, No.3（2016）pp.493-502

第 6 章

[6-1] 竹田仰、金子照之、広視野映像が重心動揺に及ぼす影響、テレビジョン学会誌、Vol. 50, No. 12（1996）pp.1935-1940

[6-2] 井口雅一、平松金雄、シミュレータへの人工現実感の応用、バーチャル・テック・ラボ、工業調査会（1992）pp.208-226

[6-3] Iwata,H., Cross-active System, CYBERARTS 1996 (1996)

[6-4] Iwata,H., Media Vehicle, Ars Electronica 2007 Festival Catalog (2007)

[6-5] 倉田光吾郎、吉崎航、水道橋重工「KURATAS」、第 16 回文化庁メディア芸術祭 受賞作品集（2012）

[6-6] 白久レイエス樹、阿嘉倫大、中野桂樹、スケルトニクス、第 17 回文化庁メディア芸術祭 受賞作品集（2013）

[6-7] フランソワ・ドラロジエール、ラ・マシン カルネ・ド・クロッキー、

玄光社（2017）

[6-8] Iwata,H., BigRobot Mk.1, Ars Electronica 2016 Festival Catalog (2016)

第7章

[7-1] Haptic Rendering (edited by Ming C. Lin and Miguel A. Otaduy), AK Peters, (2008)

[7-2] 野村淳二、人工現実感によるシステムキッチン体験システム、精密工学会誌、Vol.57,No.8（1991）pp.1352-1355

[7-3] Asano, T. Yano,H. and Iwata, H., Basic Technology of Simulation System for Laparoscopic Surgery in Virtual Environment with Force Display, Medicine Meets Virtual Reality, IOS Press,(1997)

[7-4] 伊関洋、二瓶健次、南部恭二郎、将来の遠隔医療と技術開発経の期待、映像情報メディア学会誌、Vol.52（9）、（1998）pp.1266-1269

[7-5] Iwata, H., Noma, H., Volume Haptization, Proceedings of IEEE Symposium on Research Frontiers in Virtual Reality, (1993) pp.16-23

[7-6] 二瓶健次、入院中の子どもたちを元気にするVR技術、ベネッセ、子ども学、Vol.7、（1995）pp.116-126

[7-7] Sato, K., Watanabe, K., Muzuno, S., Manabe, M., Yano, H., Iwata, H., Development of a Block Machine for Volleyball Attack Training, Proceedings of 2017 IEEE International Conference on Robotics and Automation (ICRA) (2017) pp.1036-1041

[7-8] 平林丈嗣、矢野博明、岩田洋夫、触像を用いた水中バックホウ遠隔操作インタフェースの開発、日本バーチャルリアリティ学会論文誌、Vol.12, No.4（2007）pp.461-470

[7-9] 岩田洋夫、体感コミュニケーション社会の胎動、日本機械学会誌、Vol.98, No.919（1995）pp.457-460

■ 著者紹介 ■

岩田 洋夫（いわた ひろお）

1986 年　東京大学大学院工学系研究科修了（工学博士）、現在筑波大学システム情報系教授。バーチャルリアリティの研究に従事。SIGGRAPH の Emerging Technologies に 1994 年より 14 年間続けて入選。Prix Ars Electronica 1996 と 2001 においてインタラクティブアート部門 Honorary Mentions 受賞。2001 年　文化庁メディア芸術祭優秀賞受賞。2005 ～ 2010 年　科学技術振興機構 CREST「デバイスアートにおける表現系科学技術の創生」研究代表者。2011 年　文部科学大臣表彰 科学技術賞 受賞。2013 年より、文科省博士課程教育リーディングプログラム「エンパワーメント情報学プログラム」リーダー。2016、2017 年度　日本バーチャルリアリティ学会会長

●ISBN 978-4-904774-59-5　　　　　立命館大学　徳田 昭雄 著

EUにおけるエコシステム・デザインと標準化
―組込みシステムからCPSへ―

本体 2,700 円＋税

序論　複雑な製品システムのR&Iとオープン・イノベーション
1. CoPS、SoSsとしての組込みシステム／CPS
   - 1－1　組込みシステム／CPSの技術的特性
   - 1－2　CoPSとオープン・イノベーション
2. 重層的オープン・イノベーション
   - 2－1　「チャンドラー型企業」の終焉
   - 2－2　オープン・イノベーション論とは
3. フレームワーク・プログラムとJTI
   - 3－1　3大共同研究開発プログラム
   - 3－2　共同技術イニシアチブと欧州技術プラットフォーム

1章　欧州（Europe）2020戦略とホライゾン（Horizon）2020
1. はじめに
2. 欧州2020戦略：Europe 2020 Strategy
   - 2－1　欧州2020を構成する三つの要素
   - 2－2　欧州2020の全体像
3. Horizon 2020の特徴
   - 3－1　既存プログラムの統合
   - 3－2　予算カテゴリーの再編
4. 小結

2章　EUにおける官民パートナーシップ PPPのケース：EGVI
1. はじめに
2. PPPとは何か
   - 2－1　民間サイドのパートナーETP
   - 2－2　ETPのミッション、活動、プロセス
   - 2－3　共同技術イニシアチブ（JTI）と契約的PPP
3. EGVIの概要
   - 3－1　FP7からH2020へ
   - 3－2　EGVIの活動内容
     - 3－2－1　EGVIと政策の諸関係
     - 3－2－2　EGVIのロードマップ
     - 3－2－3　EGVIのガバナンス
4. 小結

3章　欧州技術プラットフォームの役割 ETPのケース：ERTRAC
1. はじめに
2. ERTRACとは何か？
   - 2－1　E2020との関係
   - 2－2　H2020との関係
   - 2－3　ERTRACの沿革
3. ERTRACの第1期の活動
   - 3－1　ERTRACのミッション、ビジョン、SRA
   - 3－2　ERTRACの組織とメンバー
4. ERTRACの第2期の活動
   - 4－1　新しいSRAの策定
   - 4－2　SRAとシステムズ・アプローチ
   - 4－3　九つの技術ロードマップ
   - 4－4　第2期の組織
   - 4－5　第2期のメンバー
5. 小結

4章　組込みシステムからCPSへ： 新産業創造とECSEL
1. はじめに
2. CPSとは何か？
   - 2－1　米国およびEUにとってのCPS
   - 2－2　EUにおけるCPS研究体制
3. ARTEMISの活動
   - 3－1　SRAの作成プロセスとJTI
   - 3－2　ARTEMISのビジョンとSRA
     - 3－2－1　アプリケーション・コンテクスト
     - 3－2－2　研究ドメイン：基礎科学と技術
   - 3－3　ARTEMISの組織と研究開発資金
4. ARTEMISからECSELへ
   - 4－1　電子コンポーネントシステム産業の創造
   - 4－2　ECSELにおけるCPS
   - 4－3　ECSELとIoT
5. 小結

結びにかえて
1. 本書のまとめ
2. 「システムデザイン・アプローチ」とは何か？
3. SoSsに応じたエコシステム形成

発行／科学情報出版（株）

●ISBN 978-4-904774-52-6　　自由民主党 総合政策研究所 特別研究員　坂本 規博 著

新・宇宙戦略概論
グローバルコモンズの未来設計図

本体 1,800 円＋税

1章　国家戦略と宇宙政策
- 1－1　政策の階層と課題
- 1－2　国家戦略と宇宙政策
- 1－3　日本の宇宙政策
  （宇宙基本法～今日まで）
- 1－4　国家戦略遂行に向けた重要課題

2章　日本の宇宙開発の歩み
- 2－1　日本の宇宙開発の歴史
- 2－2　歴史的なターニング・ポイントと今後
- 2－3　日本の主要ロケット打ち上げ実績

3章　日本の宇宙産業
- 3－1　我が国の宇宙利用
- 3－2　宇宙産業の動向
- 3－3　世界を制する宇宙技術の獲得
- 3－4　世界の宇宙開発最前線

4章　安全保障と宇宙海洋総合戦略
- 4－1　衛星とG空間情報の融合
- 4－2　軍事通信手段の確保
- 4－3　宇宙状況把握（SSA）への対処
- 4－4　海洋状況把握（MDA）への対処
- 4－5　大規模津波災害への対処
- 4－6　自律的打ち上げ手段の確保
- 4－7　自律性を考慮した射場
- 4－8　安全保障に係わる国の仕組みの構築（国の体制）

5章　安全保障と我が国の電磁サイバー戦略
- 5－1　電磁サイバー攻撃の現状
- 5－2　電磁サイバー攻撃・防御技術
- 5－3　重要社会インフラの脅威
- 5－4　軍事インフラの脅威
- 5－5　新時代の電磁サイバー戦略

6章　グローバルコモンズの未来設計図
- 6－1　21世紀の未来学
- 6－2　宇宙の未来設計図
- 6－3　航空の未来設計図
- 6－4　海洋の未来設計図

巻末資料　日本の宇宙開発の歴史年表

発行／科学情報出版（株）

● ISBN 978-4-904774-58-8

長岡技術科学大学　磯部 浩已　著
一関工業高等専門学校　原 圭祐

設計技術シリーズ

超音波振動加工技術
~装置設計の基礎から応用~

本体 3,200 円 + 税

1．超音波振動加工概要
1.1　超音波振動の機械的除去加工への応用
1.2　機械加工への応用
　1.2.1　切削・切断加工への応用例
　1.2.2　研削加工への応用例
1.3　加工装置の開発事例

2．超音波振動の原理と装置設計
2.1　超音波振動とは
2.2　超音波切削加工の原理
2.3　超音波振動装置設計の基本原理
2.4　超音波振動の励振方法
2.5　CAEによる振動状態の解析
2.6　超音波振動モードが加工に及ぼす影響
2.7　超音波振動状態の測定方法
2.8　振動切削装置の設計事例
2.9　まとめ

3．非回転工具による除去加工
3.1　旋削加工のための装置
3.2　振動切削論と超臨界切削速度超音波切削に関する研究

3.3　超音波旋削加工の研究事例
　3.3.1　高速超音波旋削の事例・背分力方向振動切削の場合
　3.3.2　高速超音波旋削の事例・主分力方向振動切削の場合
3.4　超音波切削による規則テクスチャ生成
3.5　超音波異形シェーパー加工

4．回転工具による機械的除去加工
4.1　超音波スピンドルの構成および特性
　4.1.1　装置構成
　4.1.2　静圧空気案内を用いた超音波スピンドル
　4.1.3　工具の取り付け方法
　4.1.4　励振方法および振動特性
4.2　小径ドリル加工への応用
　4.2.1　小径加工に対する要求と問題
　4.2.2　ドリル加工における超音波振動の効果と加工事例
4.3　超音波振動加工における工具振動モード
　4.3.1　振動モードの考え方
　4.3.2　振動状態の測定方法
　4.3.3　振動状態の測定結果
　4.3.4　工具振動が加工に与える影響
4.4　金型の形彫り研削加工への応用
　4.4.1　金型加工技術への要求
　4.4.2　超音波加工の原理および加工装置
　4.4.3　加工実験
4.5　まとめ

5．研削液への超音波振動エネルギ重畳
5.1　研削加工
5.2　期待できる効果と原理
5.3　加工実験
　5.3.1　エフェクタと加工点間の距離の影響
　5.3.2　目づまり抑制効果
　5.3.3　研削熱低減効果
5.4　まとめ

6．超音波加工現象の究明
6.1　超音波加工現象を可視化する必要性
6.2　光弾性法の原理
6.3　システム構成
6.4　二次元切削時の応力分布について
6.5　応力分布変動からみた超音波切削加工の現象
　6.5.1　振動に同期したストロボ撮影方法
　6.5.2　応力分布の時間的変動
6.6　まとめ

発行／科学情報出版（株）

●ISBN 978-4-904774-06-9　　　千葉大学　阪田　史郎　著

設計技術シリーズ

M2M 無線ネットワーク技術と設計法

本体 3,200 円+税

1. ユビキタスシステムと M2M 通信
2. 無線ネットワーク動向
   2.1　無線通信における変調方式，多元接続・多重化方式
   2.2　無線ネットワークの分類
   2.3　無線ネットワークの全体動向
   2.4　無線ネットワークと TV ホワイトスペース
   2.5　無線ネットワークの進展方向
       2.5.1　高速広帯域化
       2.5.2　ユビキタス化
       2.5.3　シームレス連携
3. 短距離無線
   3.1　短距離無線の全体動向
   3.2　主な短距離無線
       3.2.1　特定小電力無線と微弱無線
       3.2.2　赤外線
       3.2.3　RFID
       3.2.4　NFC
       3.2.5　DSRC
       3.2.6　TransferJet
       3.2.7　ANT
4. 無線 PAN
   4.1　無線 PAN の全体動向
   4.2　主な無線 PAN
       4.2.1　Bluetooth
       4.2.2　UWB
       4.2.3　ミリ波通信と IEEE 802.15.3c
       4.2.4　業界コンソーシアムの無線 PAN
5. センサネットワーク
   5.1　センサネットワークの全体動向
       5.1.1　センサネットワークの研究経緯
       5.1.2　センサネットワークのアプリケーション
       5.1.3　センサネットワークにおける通信の特徴
   5.2　主なセンサネットワーク
       5.2.1　省電力センサネットワーク（IEEE 802.15.4，ZigBee）
       5.2.2　測距機能つきセンサネットワーク（IEEE 802.15.4a）
       5.2.3　省電力 Bluetooth（BLE）
       5.2.4　ボディエリアネットワーク BAN（IEEE 802.15.6）
       5.2.5　業界コンソーシアムのセンサネットワーク
6. スマートグリッド
   6.1　スマートグリッドの概要
   6.2　スマートメータリング用プロトコル
       6.2.1　IEEE 802.15.4g（SUN）を物理層とするプロトコル
       6.2.2　ZigBeeIP，6LoWPAN/RPL を採用したプロトコル
   6.3　スマートグリッド関連プロトコル
7. 無線 LAN
   7.1　無線 LAN の全体動向
   7.2　スマートグリッドの IEEE 802.11ah と TV ホワイトスペースの IEEE 802.11af
       7.2.1　IEEE 802.11ah
       7.2.2　IEEE 802.11af
   7.3　無線 LAN の物理層
       7.3.1　物理層標準化の経緯
       7.3.2　IEEE 802.11n の物理層
       7.3.3　IEEE 802.11ac（5GHz 帯ギガビット無線 LAN）の物理層
       7.3.4　IEEE 802.11ad（60GHz 帯ギガビット無線 LAN）の物理層
   7.4　無線 LAN の MAC 層
       7.4.1　無線 LAN 共通の MAC 層
       7.4.2　QoS 制御（IEEE 802.11e）
       7.4.3　ローミングとハンドオーバ（IEEE 802.11f，IEEE 802.11r）
       7.4.4　セキュリティ（IEEE 802.11i，IEEE 802.1x）
       7.4.5　メッシュネットワーク（IEEE 802.11s）
       7.4.6　ITS 応用（IEEE 802.11p）
       7.4.7　IEEE 802.11ad の MAC 層
8. 無線 MAN
   8.1　WiMAX の標準化の経緯と展開状況
   8.2　WiMAX の物理層
   8.3　WiMAX の MAC 層
   8.4　WiMAX-Advanced（IEEE 802.16m）
9. 無線 WAN（携帯電話網）
   9.1　無線 WAN の全体動向
   9.2　第 3.9 世代携帯電話網（3.9G，LTE）
   9.3　第 4 世代携帯電話網（4G，LTE-Advanced）
10. ホームネットワーク
    10.1　ホームネットワークの全体動向
    10.2　ホームネットワークの検討経緯
    10.3　ホームネットワークのアプリケーション
    10.4　ホームネットワークの物理ネットワーク
        10.4.1　幹線ネットワーク
        10.4.2　支線ネットワーク
    10.5　ホームネットワーク関連の標準
        10.5.1　ホームゲートウェイ
        10.5.2　屋内・屋外間の通信
        10.5.3　ミドルウェア
        10.5.4　アプリケーション
    10.6　通信放送融合から通信放送携帯融合へ
        10.6.1　ワンセグ放送
        10.6.2　IPTV
        10.6.3　携帯端末向けマルチメディア放送（モバキャス）
        10.6.4　スマートテレビへの展開
    10.7　ホームネットワーク普及へのシナリオ
11. アドホックネットワーク
    11.1　アドホックネットワークとは
    11.2　アドホックネットワークの研究経緯
    11.3　アドホックネットワークと無線 LAN メッシュネットワーク
    11.4　ユニキャスト用ルーティング制御
        11.4.1　リアクティブ型プロトコル
        11.4.2　プロアクティブ型プロトコル
    11.5　マルチキャスト用ルーティング制御
    11.6　アドホックネットワークと DTN
はしがき

発行／科学情報出版（株）

● ISBN 978-4-904774-28-1　　　　　　京都大学　篠原　真毅　監修

設計技術シリーズ
電界磁界結合型ワイヤレス給電技術
―電磁誘導・共鳴送電の理論と応用―

本体 3,600 円＋税

第 1 章　はじめに
第 2 章　共鳴（共振）送電の基礎理論
　2.1　共鳴送電システムの構成
　2.2　結合モード理論による共振器結合の解析
　2.3　磁界結合および電界結合の特徴
　2.4　WPT 理論とフィルタ理論
第 3 章　電磁誘導方式の理論
　3.1　はじめに
　3.2　電磁誘導の基礎
　3.3　高結合型電磁誘導方式
　3.4　低結合型電磁誘導方式
　3.5　低結合型電磁誘導方式 II
第 4 章　磁界共鳴（共振）方式の理論
　4.1　概論
　4.2　電磁誘導から共鳴（共振）送電へ
　4.3　電気的超小形自己共振構造の 4 周波数と共鳴方式の原理
　4.4　等価回路と影像インピーダンス
　4.5　共鳴方式ワイヤレス給電系の設計例
第 5 章　磁界共鳴（共振）結合を用いた
　5.1　マルチホップ型ワイヤレス給電における伝送効率低下
　5.2　帯域通過フィルタ（BPF）理論を応用した設計手法
　5.3　ホップ数に関する拡張性を有した設計手法
　5.4　スイッチング電源を用いたシステムへの応用
第 6 章　電界共鳴方式の理論
　6.1　電界共鳴方式ワイヤレス給電システム
　6.2　電界共鳴ワイヤレス給電の等価回路
　6.3　電界共鳴ワイヤレス給電システムの応用例

第 7 章　近傍界による
　　　　　ワイヤレス給電用アンテナの理論
　7.1　ワイヤレス給電用アンテナの設計法の基本概要
　7.2　インピーダンス整合条件と無線電力伝送効率の定式化
　7.3　アンテナと電力伝送効率との関係
　7.4　まとめ
第 8 章　電力伝送系の基本理論
　8.1　はじめに
　8.2　電力伝送系の 2 ポートモデル
　8.3　入出力同時共役整合
　8.4　最大効率
　8.5　効率角と効率正接
　8.6　むすび
第 9 章　ワイヤレス給電の電源と負荷
　9.1　共振型コンバータ
　9.2　DC-AC インバータ
　9.3　整流器
　9.4　E2 級 DC-DC コンバータとその設計指針
　9.5　E2級DC-DCコンバータを用いたワイヤレス給電システム
　9.6　むすび
第 10 章　高周波パワーエレクトロニクス
　10.1　高周波パワーエレクトロニクスとワイヤレス給電
　10.2　ソフトスイッチング
　10.3　直流共鳴方式ワイヤレス給電
　10.4　直流共鳴方式ワイヤレス給電の解析
　10.5　共鳴方式の統一的設計法と 10MHz 級実験
第 11 章　ワイヤレス給電の応用
　11.1　携帯電話への応用
　11.2　電気自動車への応用 I
　11.3　電気自動車への応用 II
　11.4　産業機器（回転系・スライド系）への応用
　11.5　建物への応用
　11.6　環境磁界発電
　11.7　新しい応用
第 12 章　電磁波の安全性
　12.1　歴史的背景
　12.2　電磁波の健康影響に関する評価研究
　12.3　国際がん研究機関（IARC）や世界保健機関（WHO）の評価と動向
　12.4　電磁過敏症
　12.5　電磁波の生体影響とリスクコミュニケーション
　12.6　おわりに
第 13 章　ワイヤレス給電の歴史と標準化動向
　13.1　ワイヤレス給電の歴史
　13.2　標準化の意義
　13.3　国際標準の意義と状況
　13.4　不要輻射　漏えい電磁界の基準；CISPR
　13.5　日中韓地域標準化活動
　13.6　日本国内の標準化
　13.7　今後の EV 向けワイヤレス給電標準化の進み方
　13.8　ビジネス面における標準化―スタンダードバトル―

発行／科学情報出版（株）

●ISBN 978-4-904774-48-9　　　　　　群馬大学　鳶島 真一 著

設計技術シリーズ

リチウムイオン電池の安全性と要素技術

本体3,600円+税

第1章　リチウムイオン電池の基礎と概要
1. リチウムイオン電池の適用用途概要
2. リチウムイオン電池の動作原理
3. 各種正極材料の特徴
   3.1 短期スパン開発の電池の正極
   3.2 中長期スパン開発の正極
4. 定置型電池
   4.1 定置型電池の種類と今後の展開
   4.2 電気自動車電池の電力貯蔵装置への再利用
   4.3 定置型電池用リチウムイオン電池の信頼性
5. 今後の電池の研究開発とビジネスチャンス
   5.1 工業製品としてのリチウムイオン電池の現状
      5.1.1 概要　5.1.2 モバイル機器　5.1.3 電気自動車
      5.1.4 電力貯蔵装置
   5.2 国家プロジェクトと国策
   5.3 電池普及への向い風
   5.4 今後の電池関連ビジネス
   5.5 まとめ

第2章　リチウム電池の安全性概要
　　　（基礎、安全性劣化機構、安全性確保策）
1. リチウムイオン電池の安全性に関して一般的に知られていること
2. 市販リチウムイオン電池の安全性確保策
3. 非安全時の電池の挙動
4. 安全性評価の背景・経緯
5. 電池安全性評価の基本的考え方
6. 電池が非安全になる基本的原因
7. 負極と電解液の反応
8. リチウムイオン電池の標準充電と過充電
9. リチウムイオン電池の過充電、過放電と安全性の関係
10. リチウムイオン電池の過充電と市場トラブル
11. 過充電が起こる要因
12. 過充電とセパレータ
13. 劣化モードの情報
14. 電池使用後の安全性

第3章　リチウム電池の市場トラブル例（安全性の現状）
1. 電池の安全性評価の背景・経緯
2. 電池の市場トラブル
   2.1 リチウム金属電池
   2.2 リチウムイオン電池（1991年〜1998年）
   2.3 電池からの液漏れによるトラブル
   2.4 リチウムイオン電池（1991年〜1999年）（2）
   2.5 リチウムイオン・ポリマー電池の実用化と当時の安全性
      2.5.1 ポリマー電池の開発　2.5.2 ポリマー電池を使用した携帯電話　2.5.3 ポリマー電池安全性検討の報告例
         2.5.3.1 PVDF系ポリマー電池　2.5.3.2 アクリレート系ポリマー電池　2.5.3.3 PEO系ポリマー電池　2.5.3.4 PAN系ポリマー電池
      2.5.4 市販ポリマー電池の安全性試験の例
         2.5.5.1 加熱試験　2.5.5.2 過充電試験　2.5.5.3 まとめ
   2.6 リチウムイオン電池（1999年〜2005年）
   2.7 リチウムイオン電池（2006年〜2015年）
   2.8 電池内部部品の不良と電池のトラブル
   2.9 複数社による電池の供給
   2.10 電池設計と電池製造品質管理
   2.11 市場トラブル例のまとめ

第4章　市販電池の安全性試験方法と試験例
1. リチウムイオン電池の安全性確保手法としての安全性試験
2. 市販電池の安全性評価方法
3. 安全性ガイドライン
4. 市販電池の安全性試験
5. 安全性試験結果の例
   5.1 加熱試験
   5.2 釘刺し試験
   5.3 圧壊試験
   5.4 外部短絡試験
   5.5 安全性試験と電池使用上の注意事項
   5.6 安全性試験マニュアル
   5.7 携帯機器用リチウムイオン電池安全性試験マニュアル
   5.8 車載用リチウムイオン電池安全性試験マニュアル

第5章　電池開発時の熱安定性評価方法
1. 熱天秤
   1.1 測定の概要
   1.2 測定例
      1.2.1 正極の熱安定性評価　1.2.2 負極の熱安定性評価
      1.2.3 固体電解質の熱安定性評価　1.2.4 評価
2. 反応熱量計
   2.1 測定の概要
   2.2 測定例
      2.2.1 電解液の熱安定性評価
3. 加速温度熱量計
   3.1 測定の概要
   3.2 測定例
      3.2.1 電解液の熱安定性評価
4. 電池の加熱試験
   4.1 測定の概要
   4.2 測定例
      4.2.1 リチウムイオン電池の加熱試験

第6章　負極におけるリチウムの析出挙動と安全性
1. はじめに
2. デンドライトとは
3. 電気めっきとデンドライト
4. リチウム金属二次電池におけるデンドライト発生機構
   4.1 物理的条件の影響
   4.2 化学的条件の影響
5. リチウム金属負極におけるデンドライトまとめ
6. リチウムイオン電池における炭素負極へのリチウムの析出挙動
   6.1 過充電とリチウム析出
   6.2 低温および高温充電とリチウム析出
   6.3 実用リチウムイオン電池と炭素負極上へのリチウム析出
   6.4 炭素上へのリチウム析出とリチウムイオン電池の市場トラブル例
   6.5 まとめ

第7章　セパレータと安全性
1. 電池性能と安全性劣化の基本機構と実用上の要因
2. リチウム電池用セパレータに要求される基本特性
3. リチウムイオン電池用セパレータに要求される実用特性
   3.1 基本物性
   3.2 充放電後の実用特性
   3.3 高電圧耐性
4. まとめ

第8章　電解液と電池の安全性
1. リチウム二次電池の今後の展開と電解液
2. 電解液の基本的役割
3. 電解液の種類と特徴
   3.1 有機溶媒系電解液
   3.2 ゲル電解質
   3.3 有機固体電解質
   3.4 イオン液体
   3.5 無機固体電解質
   3.6 電解液の安定性
   3.7 電池内におけるガス発生が電池性能および信頼性に与える影響
   3.8 電解液単体からのガス発生
4. 電解液の安定性と燃焼
   4.1 正極からのガス発生
   4.2 負極からのガス発生
5. 電解液の燃焼抑制手法
   5.1 電解液添加剤の種類と機能
   5.2 電解液添加剤による伝導性向上
   5.3 負極表面処理剤（反応型添加剤）
   5.4 負極表面処理剤（非反応型添加剤）
   5.5 正極表面処理剤
   5.6 過充電防止剤
   5.7 難燃性添加剤
   5.8 高電圧電池用電解液添加剤
   5.9 その他の添加剤
6. まとめ

発行／科学情報出版（株）

設計技術シリーズ
VR実践講座
HMDを超える4つのキーテクノロジー

2017年9月13日　初版発行

著　者	岩田　洋夫	©2017
発行者	松塚　晃医	
発行所	科学情報出版株式会社	

〒 300-2622　茨城県つくば市要443-14 研究学園
電話　029-877-0022
http://www.it-book.co.jp/

ISBN 978-4-904774-60-1　C2050
※転写・転載・電子化は厳禁